生物多样性珍稀特有鱼类

李德旺　翟宇东　主编

长江出版社
CHANGJIANG PRESS

图书在版编目（CIP）数据

生物多样性. 珍稀特有鱼类 / 李德旺，翟宇东主编.

武汉 : 长江出版社，2024. 7. -- ISBN 978-7-5492-9591-3

Ⅰ . Q16

中国国家版本馆 CIP 数据核字第 2024ZF3540 号

生物多样性. 珍稀特有鱼类

SHENGWUDUOYANGXING.ZHENXITEYOUYULEI

李德旺　翟宇东　主编

责任编辑：	郭利娜	
装帧设计：	李婕	
出版发行：	长江出版社	
地　　址：	武汉市江岸区解放大道 1863 号	
邮　　编：	430010	
网　　址：	https://www.cjpress.cn	
电　　话：	027-82926557（总编室）	
	027-82926806（市场营销部）	
经　　销：	各地新华书店	
印　　刷：	湖北金港彩印有限公司	
规　　格：	787mm×1092mm	
开　　本：	16	
印　　张：	10.25	
拉　　页：	1	
字　　数：	180 千字	
版　　次：	2024 年 7 月第 1 版	
印　　次：	2024 年 9 月第 1 次	
书　　号：	ISBN 978-7-5492-9591-3	
定　　价：	69.80 元	

编委会

编　　著：水利部中国科学院水工程生态研究所

图书策划：湖北联合美景数字传媒科技有限公司

总策划：桂朝辉　王　鹏　王艳丽

主　　编：李德旺　翟宇东

副主编：龚昱田　杨国胜　程　慧

编　　委：杨　志　田　华　衡武警　黄　耿

　　　　　魏　秘　邓珊珊　黄玉婷　程　涛

　　　　　刘　凯　吕立立　杜　涛　吴满洋

　　　　　骆裴慧　周卫华

美术主编：谢蔷蔷

美术编辑：陈晓霞　鲁　星

序

　　长江，世界第三长河，也是我国的第一大河，被誉为中华民族的母亲河。它起源于青藏高原，奔腾不息地流淌，汇聚了无数支流，穿越巴蜀、荆楚、吴越等地，展现出了壮丽的自然景观。

　　长江不仅是中华文明的摇篮，孕育了多样的生命形态，也熔铸了中华民族共同的精神家园。长江流域的江河湖泊，作为水资源的重要载体，它们哺育了生命，支撑了发展，承载了文明，是生态系统中不可或缺的一部分。淡水资源是水生生物生存的关键，而江河中的鱼类，自远古时期以来，一直与逐水而居的人类相伴至今。

　　纵观长江等淡水流域，有起源于3亿～4亿年前、号称"活化石"的"千斤腊子"中华鲟，有身披白甲俗称"沙腊子"的长江鲟，有目前已踪迹难寻的"万斤象"白鲟，有"鱼大十八变"的胭脂鱼，有俗称"水密子"的圆口铜鱼，有隐入溪流岩石洞穴间的"墨鲤"乌原鲤……这些水中的精灵，曾在自然连通的江河中自由地徜徉，但在人类现代化发展中也不得不寻求生存的机会。

　　随着人民生活水平的提高和经济社会的持续发展，人们在河流上建造了水电站，在湖泊的通江河道上修建了闸坝。这些工程虽然为人类带来了便利，但也对鱼类的栖息地造成了影响，破坏了它们的洄游、繁殖和觅食习性。全球气候变暖、河流阻断、过度捕捞及外来物种入侵等因素，也对鱼类的生存构成了威胁，导致了河湖生态系统结构的失衡，水生生态环境的萎缩，生物多样性的降低。长江鲟、圆口铜鱼、胭脂鱼等鱼类的种群数量大幅减少，而白鲟已灭绝，白鱀豚已功能性灭绝，中华鲟和江豚则面临极危的生存状态，成为受保护的珍稀动物。

珍稀动物是自然界中较为稀有或濒临灭绝的动物。这些动物可能因自然环境变化或人为因素（如栖息地破坏、捕猎等）而面临生存威胁。保护这些珍稀动物，不仅是为了维护自然生态的平衡，更是为了人类的长远利益。长江流域，作为北纬 30 度的生命线，对于保障永续发展具有重要的战略意义。生态系统的退化和生物多样性的减少，都对流域居民的生存与发展构成了巨大威胁。生态文明建设已成为当今中国文明发展的时代特征和主题，国家倡导长江大保护、全面推动长江经济带的可持续发展。

近年来，生态环境保护的科普形式和内容日益丰富多样。出版科普读物是传播知识的有效途径，通过科普教育，人们可以更深入地了解水生动物及其生态习性，这是实现保护措施的前提。科普教育可以帮助公众认识到生物多样性的重要性，以及保护水生动物资源的紧迫性。科普不仅是知识的传递，更是对长江母亲河永续发展和中华民族伟大复兴千年大计的深刻理解。教育读者敬畏自然，凝聚保护长江的社会共识，是我们共同的责任。

《生物多样性——珍稀特有鱼类》的出版，正是为了普及 13 种珍稀特有鱼类的资源概况。本书以卡通人物的视角，结合精美的原色图片，创新了科普读物的体例，将小故事融入其中作为故事线，使得科普内容更加生动有趣。无论是插图还是文字描述，本书都展现出了轻松、生动和易于阅读的特点，兼具了科学性与美学性，非常适合学生阅读。

希望通过这本书，能够展现珍稀特有鱼类的美丽，唤起社会对珍稀特有鱼类的关注，并激发人们对自然和生态的全面保护意识。

中国科学院院士

2024 年 7 月 17 日

前言

　　《生物多样性——珍稀特有鱼类》是针对青少年读者编写的珍稀鱼类科普读物。本书分为 4 个章节。第一章介绍长江流域概况及生境特征；第二章概述长江鱼类多样性和国家重点保护鱼类情况；第三章重点选取 13 种国家重点保护珍稀特有鱼类，包括 10 种长江保护鱼类及 3 种其他流域保护鱼类，以图文并茂的方式从鱼的身体结构、习性、物种故事等方面多角度立体呈现，并通过卡通形象贯穿全书，辅以文化小故事，穿插 "连连看" "想一想" "填一填" 趣味互动，激发阅读兴趣，引发思考；第四章阐明长江大保护对于促进生态和谐的重要性和紧迫性。本书通过轻松活泼、寓教于乐的方式，提高青少年对长江珍稀特有鱼类的认知度和对珍稀物种的保护意识，激励青少年从小做起，成为建设健康长江、传承弘扬长江文化、保护美丽家园的践行者。

　　本书在编写过程中，承蒙水利部中国科学院水工程生态研究所有关专家学者以及诸多年轻学者的指导与帮助，特别感谢南京江豚水生生物保护协会、李鸿、喻燚、胡东宇、A醉美原生鱼公众号提供部分图片。

　　由于编者水平有限，本书虽经多次修改与完善，但错漏及不足之处在所难免，敬请读者朋友们批评指正。

编　　者

2024 年 6 月 18 日

目  录

第三章
国家重点保护珍稀特有鱼类 28

CONTENTS

第四章
长江大保护 生态共和谐  142

第一章
走近长江

湖小贝　　　河小宝

　　故事发生在 2023 年。炎热的夏季本应该是长江的汛期，往往这个时候江水都漫上了江堤，可今年的夏天酷热干旱，长江江水退到了长江中央，这与枯水季节的情况相似。江滩也像饱经风霜的脸一般，在干裂的滩涂缝隙中，遗留下各种底栖动物的残骸。

　　河小宝："湖小贝，你看，长江水位太低了，据说是由长江流域持续高温干旱造成的，持续的高温干旱会对整个长江流域的水生态系统带来巨大的影响。"

　　湖小贝："河小宝，你的担心是有道理的。前不久，有专家在接受记者采访时说，持续干旱不仅会直接造成受旱区部分动植物死亡，还会导致水生态系统物种之间的共生关系被破坏，这将给长江生态环境带来灾难性的毁灭。"

　　河小宝："啊！？那长江里鱼类的数量就会减少，那些濒临灭绝的鱼有没有可能就此灭绝了？"

　　湖小贝："当然可能啦！因此，我们只有开展长江大保护的行动，才能挽救这些濒危鱼类和保护好长江的生态，让长江里的鱼类大家庭很好地生存下去。"

　　河小宝和湖小贝说着说着，来到了江边。为了更好了解长江的生态环境，他们决定去一探究竟。

第一节
长江的位置

　　长江是我国第一大河，发源于青藏高原的唐古拉山主峰各拉丹冬雪山西南侧。干流自西向东，流经青海、四川、西藏、云南、重庆、湖北、湖南、江西、安徽、江苏、上海等 11 个省（自治区、直辖市），在上海崇明岛以东汇入东海。长江干流全长 6300 余千米，总落差约 5400 余米，流域面积约 180 万平方千米，约占全国国土面积的 20%。

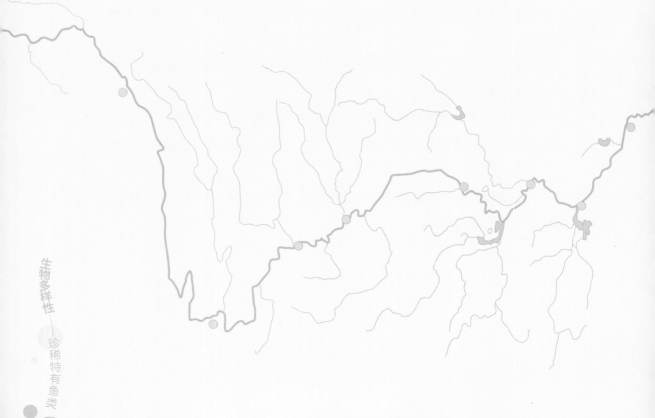

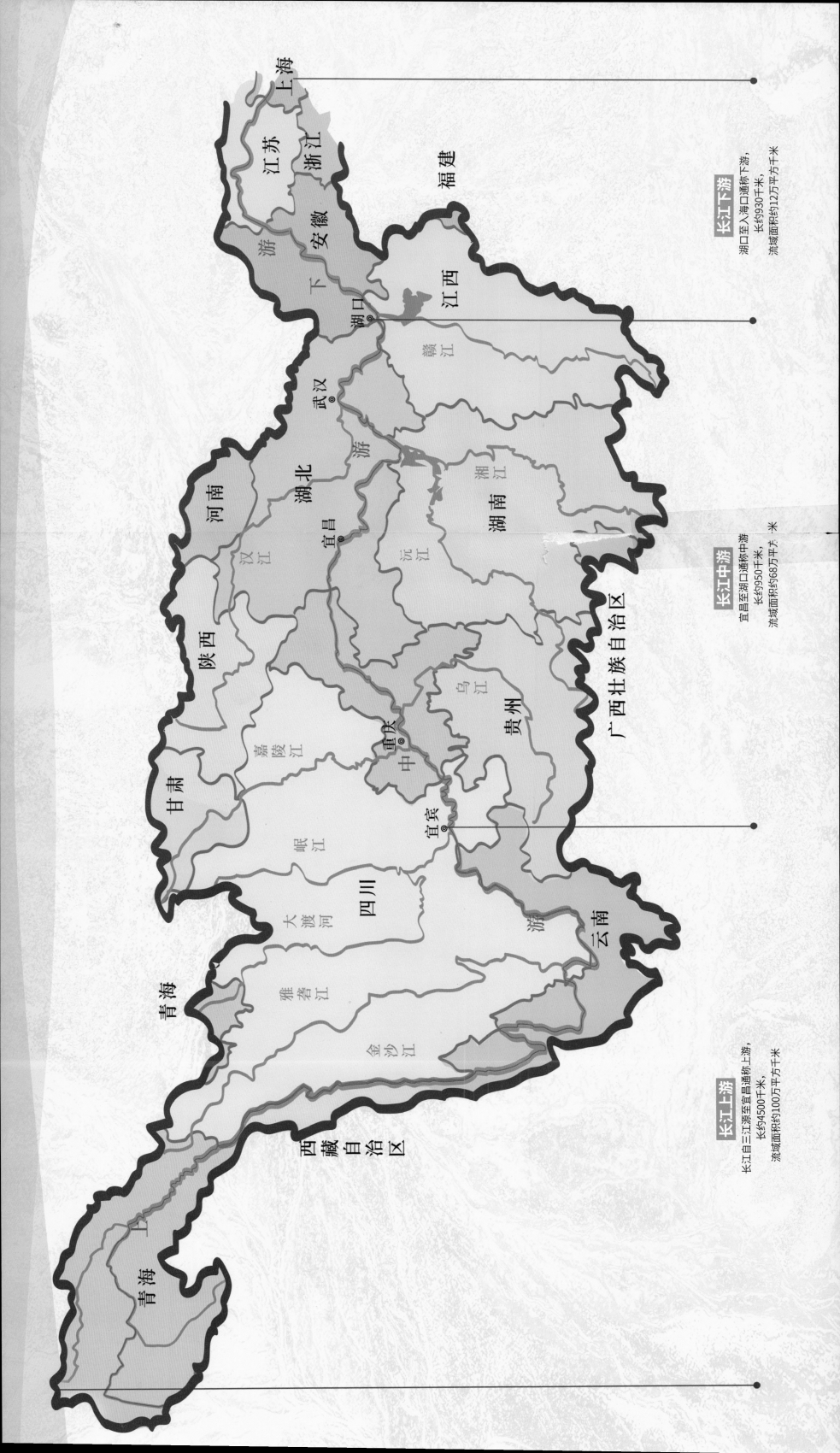

长江下游

湖口至入海口通称下游，
长约930千米，
流域面积约12万平方千米

长江中游

宜昌至湖口通称中游，
长约950千米，
流域面积约68万平方千米

长江上游

长江自三江源至宜昌通称上游，
长约4500千米，
流域面积约100万平方千米

上海

江苏

浙江

安徽

福建

下　游

湖口

江西

赣江

武汉

湖北

宜昌

中　游

河南

汉江

沅江

湘江

湖南

陕西

乌江

嘉陵江

贵州

重庆

中　游

宜宾

广西壮族自治区

甘肃

岷江

大渡河

四川

游

云南

雅砻江

金沙江

青海

西藏自治区

青海

第二节

长江是中华民族的母亲河

一 长江流域是我国粮食主产区之一

目前，长江以约占全国 20% 的国土面积，生产了全国 32.5... 着全国约 33% 的人口，它还创造了全国 46.5% 的 GDP，在我国... 具有十分重要的战略地位。

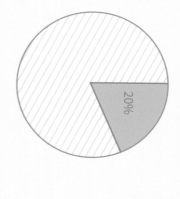

长江流域面积

长江流域国土面积占比约 20%

长江流... 粮食

长江流域是我国水资源配置的战略水源地

长江流域水资源相对丰富，多年平均水资源量 9959 亿立方米，约占全国的 36%，居全国各大江河之首。

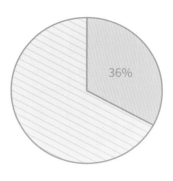

□ 长江流域水资源量

长江流域水资源量占比约 36%

 长江流域是实施能源战略的主要基地

长江流域是我国水能资源最为富集的地区，水力资源理论蕴藏量 30.05 万兆瓦，年供电量 2.67 万亿千瓦时，约占全国的 40%。

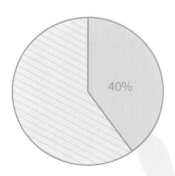

□ 长江流域供电量

长江流域年供电量占比约 40%

四 长江是联系东中西部的"黄金水道"

长江水系航运资源丰富，3600多条通航河流的总计通航里程超过 7.1 万千米，占全国内河通航总里程的 56%。

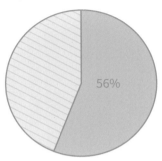

■ 长江流域航运资源

长江流域航运资源占比 56%

五 长江——丰富的生物多样性

长江流域多样的生境孕育了丰富的生物类群，有淡水鲸类（如长江江豚）、鱼类、两栖类、爬行类等。

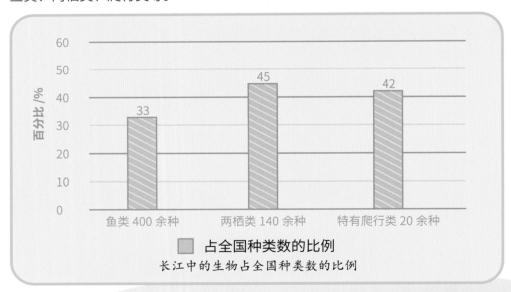

长江中的生物占全国种类数的比例

长江是"四大家鱼"（青鱼、草鱼、鲢、鳙）等重要经济鱼类的种质资源库和基因库，是我国淡水渔业的摇篮。

生物多样性——珍稀特有鱼类

第三节

长江流域的地貌与生态系统

长江流域的地貌类型较为复杂，高原、山地和丘陵盆地面积占 84.7%，平原面积仅占 11.3%，河流、湖泊等约占 4%。

 长江流域地势西高东低

长江流域地势西高东低，总落差 5400 余米，像三级巨大阶梯。

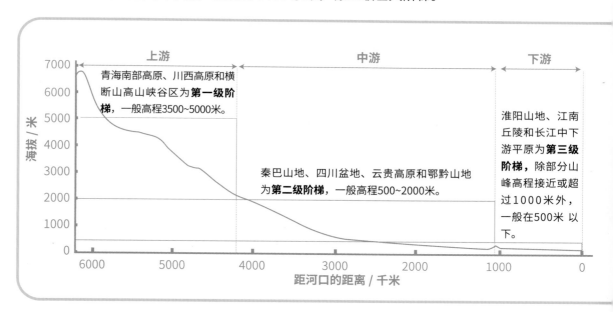

长江流域生态系统类型多样

　　复杂的地貌及气候条件，使长江流域生态系统类型多样。长江流域不仅是我国生物多样性保护的优先区域，也是全球生物多样性保护的重要组成部分。

川西河谷森林
生态系统

长江中下游湿地
生态系统

南方亚热带常绿阔叶林
森林生态系统

长江流域的植被类型以常绿阔叶林为主，兼有湿地、草甸、高寒草原和亚热带常绿阔叶林等各种类型，丰富多样的植物类型为各类野生动物的繁衍生息提供了丰富的栖息环境。

常绿阔叶林

湿地

高寒草原

第四节
长江流域的水生生境

广袤的土地、充沛的水量、多样的气候等自然地理特点，形成了长江流域多样的生境，也孕育了丰富的生物多样性。

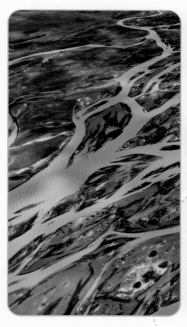

长江源
高原河源水系、沼泽和湖群湿地生境

通天河下游为峡谷激流生境，分布有裂腹鱼类、高原鳅类等高原特有鱼类。金沙江及长江上游为滩潭交替、水流缓急相间的峡谷激流生境，是长江众多珍稀特有鱼类的栖息地，历史上分布有长江鲟、圆口铜鱼等长江上游特有鱼类的产卵场。

通天河下游、金沙江及长江上游
峡谷激流生境

长江中下游平原区水系纵横交织，湖泊星罗棋布，形成了独特的江湖复合生态系统，是珍稀鸟类、江豚、胭脂鱼和"四大家鱼"（青鱼、草鱼、鲢、鳙）等重要的栖息地。

长江中下游
江湖复合生态系统

　　长江河口的半咸水和潮汐生境，有内陆大量有机物和营养盐的输入，饵料生物丰富，分布有众多的过河口洄游性鱼类和咸淡水鱼类，是虾、蟹的重要繁殖场所，也是洄游性鱼类的洄游通道。

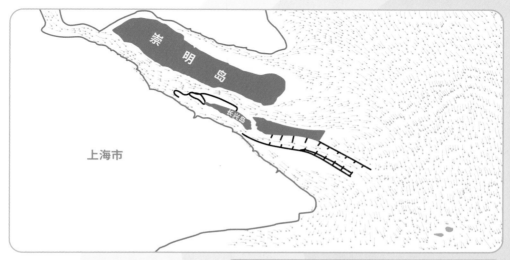

长江河口
半咸水和潮汐生境

第二章
长江鱼类
多样性

中华鲟可以生活在海里，那里食物十分丰富，为什么要不远千里洄游到长江上游呢？

第一节
长江鱼类物种多样性

 长江流域鱼类的种类数量

2017年以前，长江分布有鱼类18目37科163属443种，其中土著鱼类424种，包括淡水鱼类378种、洄游性鱼类9种、河口鱼类37种。

 长江流域有哪些重点保护鱼类

长江流域分布有国家重点保护鱼类33种，其中国家一级保护鱼类5种，分别为中华鲟、长江鲟、白鲟、鲥[shí]和川陕哲罗鲑，国家二级保护鱼类28种；被列入2021版《中国生物多样性红色名录》极危、濒危、易危等级的受胁物种共95种，占长江鱼类物种数的22.4%，其中极危25种，包括白鲟、长江鲟、中华鲟、鲥、鯮[zōng]等。

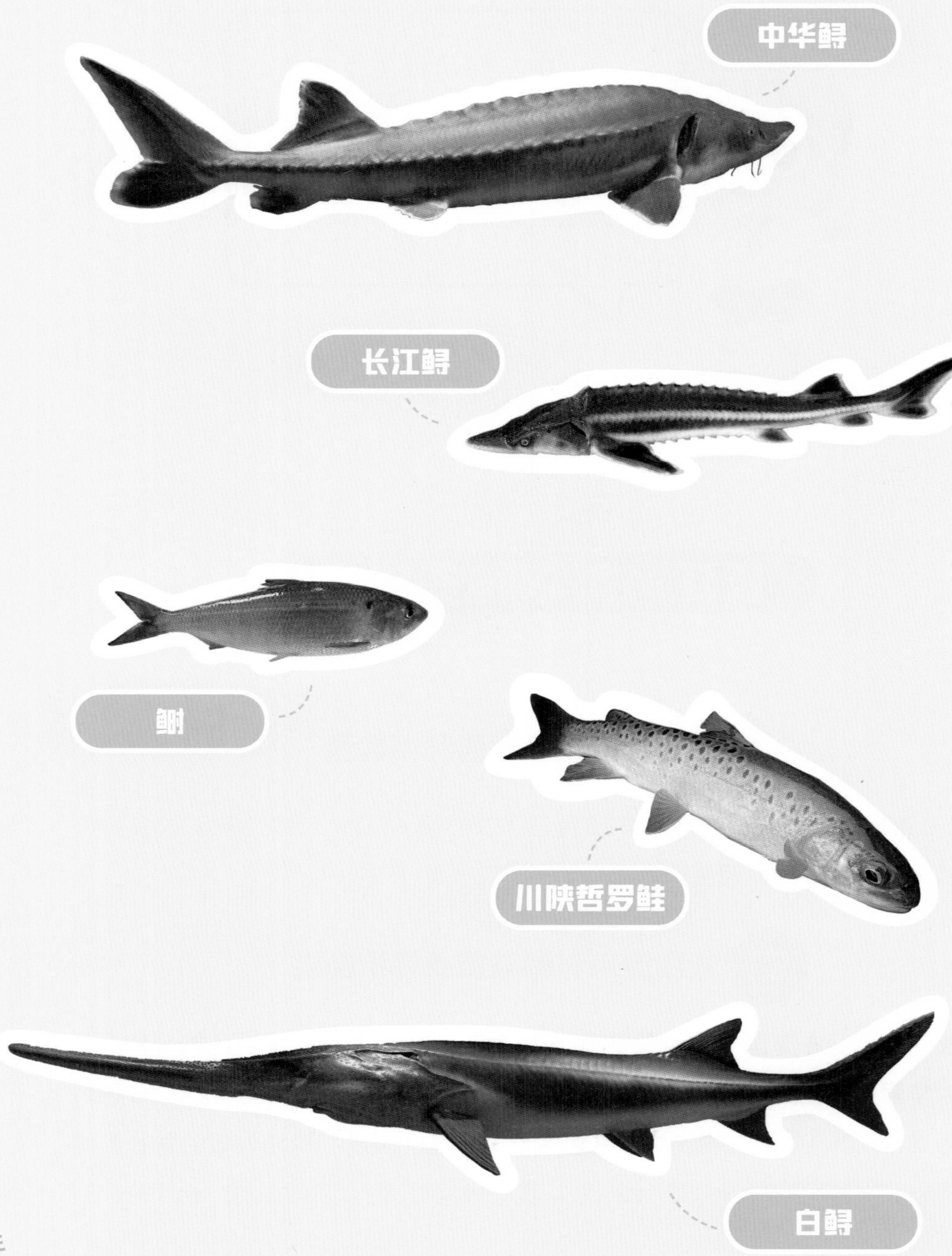

中华鲟

长江鲟

鲥

川陕哲罗鲑

白鲟

长江流域国家一级保护鱼类

第二节
如何认识长江里的鱼

长江里的鱼那么多，我们该如何去认识它们呢？

我们可以按照长江流域的三级阶梯来认识它们。

第一阶梯 长江源流经的高原高寒地区鱼类

高原高寒地区低温，生物饵料贫乏，鱼类种类稀少，常见的土著鱼类有小头高原鱼、裸腹叶须鱼、软刺裸裂尻 [kāo] 鱼、细尾高原鳅 [qiū] 等。

第二阶梯 长江上游干流和多数支流鱼类

长江上游干流和多数支流均流经高山峡谷或丘陵地貌，水流湍急，栖息在这种环境中的鱼类在形态结构、生理机能和生态习性上均与流水环境相适应。在青藏高原及横断山区江段，鱼类物种数稀少，主要以裂腹鱼和高原鳅为主。自金沙江下游至川西高原和川东盆地交接的低山地带，鱼类物种丰富，特有种类多达124 种，如圆口铜鱼、长鳍吻鮈 [jū]、四川白甲鱼、岩原鲤、金沙鲈鲤、齐口裂腹鱼、长薄鳅、中华金沙鳅等。

　　长江中下游平原地区，水流平缓，水系纵横交织，湖泊星罗棋布，饵料生物极为丰富，孕育了丰富的鱼类物种，包括重要的经济鱼类"四大家鱼"、鳜 [guì]、团头鲂 [fáng]（也叫鳊、武昌鱼）、黄颡 [sǎng] 鱼、鲇 [nián] 等。

　　长江河口为半咸水和潮汐生境，饵料生物丰富，分布有众多的过河口洄游性鱼类和咸淡水鱼类，如大黄鱼、小黄鱼、鲳 [chāng]、马鲛 [jiāo]、刀鲚 [jì]、凤鲚、松江鲈、鳗鲡、棘头梅童鱼等。

圆口铜鱼

长鳍吻鮈

四川白甲鱼

岩原鲤

金沙鲈鲤

齐口裂腹鱼

长薄鳅

青鱼

鲢

草鱼

鳙

裸腹叶须鱼

大黄鱼

鲳

马鲛

刀鲚

松江鲈

赫头梅童鱼

鳗鲡

细尾高原鳅

第三节
长江鱼类生活习性的多样性

长江从源头至河口，生物种类繁多。资源丰富的各种饵料生物是鱼类赖以生存的物质基础。为了获取食物、逃避敌害、繁衍后代、维持种群，鱼类经过长期的竞争和进化，适应了不同的生态环境，形成了不同的生活习性。

 连线 鱼类的生活习性

下图是鱼类的生活习性与类别的关系连线图。按照左侧的分类标准，可以将鱼对应分为右侧的不同类别。小朋友们，请循着线到右侧找一找，可以将鱼分为哪些类别？

栖居水层　　　　　　　　　　急流鱼类、缓流鱼类、静水鱼类等

水生生境　　　　　　　　　　浮游生物食性鱼类、草食性鱼类、杂食性鱼类、肉食性鱼类等

食性分类　　　　　　　　　　黏性卵鱼类、沉性卵鱼类、漂流性卵鱼类、浮性卵鱼类等

鱼卵性质　　　　　　　　　　洄游性鱼类（如溯河洄游性鱼类、降海洄游性鱼类、两栖洄游性鱼类）和定居性鱼类等

洄游习性　　　　　　　　　　上层鱼类，中层鱼类，中下层鱼类，底层鱼类

第四节
长江鱼类的身体结构

一 长江鱼类外形结构

这些鱼有没有相似点呢？

哈哈，当然有了。它们都属于鱼类，所以都有相似的身体器官和结构。接下来，让我们以常见的鲫为例，一起来看一看鲫的外形结构吧！

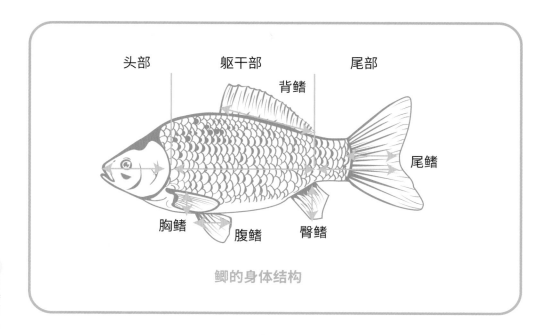

鲫的身体结构

二 鱼的身体器官

鳞 保护鱼体，防止鱼的体液与河水或海水互渗；

鳃 适应水环境的呼吸器官；

鳔 控制鱼体在水中的升降，并能辅助呼吸；

鳍 鱼的运动器官，控制鱼在水中的各种动作；

侧线 鱼的感觉器官，能够感受水流压力及协助视觉测定物体位置。

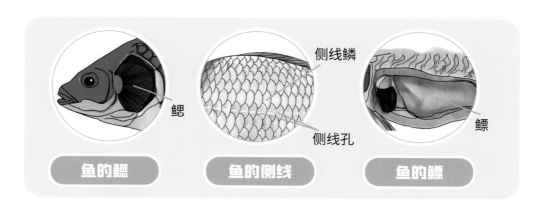

鱼的鳃　　　鱼的侧线　　　鱼的鳔

长江鱼类的生活史

哎，我好想变成一条鱼，自由自在地在水中生活。

其实，鱼也有苦与乐。鱼和所有生物一样，都会经历出生——生长——发育——繁殖——死亡的过程。我们就以鲫为例，一起来看一看长江鱼类的生活史吧！

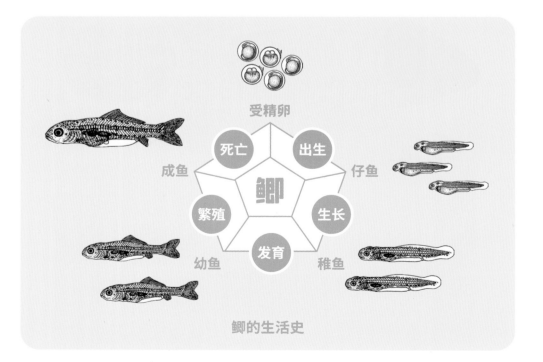

鲫的生活史

有的鱼出生后背井离乡，在繁殖前洄游到出生地，历经千辛万苦才能繁殖，如中华鲟、鲥等。

中华鲟？鲥？以前都没有听说过啊，看来长江里还有很多我们不知道的鱼儿呢！

对啊，长江里有些鱼并不常见，甚至有些已经濒临灭绝了。如果再不加以保护，它们就真的灭绝了。长江大保护应该成为我们每个人共同的责任和使命。接下来，我们一起来认识长江里那些濒危的珍稀特有鱼类吧！——出发！

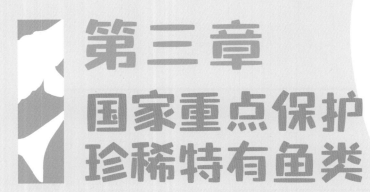

第三章
国家重点保护
珍稀特有鱼类

湖小贝

河小宝

"哎哟！"河小宝和湖小贝正在江水中探寻，不知被什么东西撞了一下。

"哈哈哈！"湖小贝笑着提醒道，"小心，有水怪！"

"哎哟，有水怪！"一个奇怪的声音。

"谁，谁学我说话？"河小宝定睛一看，是一条看起来有点可爱的中华鲟在说话。

"我是江百通，是一条中华鲟，出生在距今约1.4亿年的中生代末期的上白垩纪，我们的种族曾与恐龙共同生活过，是地球上最古老的脊椎动物之一，也是最古老的珍稀鱼类，而我是带着守护长江的使命生活在这里，长江里的事无所不知，无所不晓。"

"您好，江百通！"湖小贝说，"长江现在生病了，水生态遭到破坏，鱼的种类越来越少，听说您学识渊博，能想想办法吗？"

"传说只要找到一颗大明珠，我们就可以挽救长江的生态环境。"江百通顿了顿说，"这颗大明珠叫'江之魄'，由13颗宝珠融合而成。"

"在哪里能找到它们？"湖小贝问。

"快点，快点告诉我们，我们都等不及了！"河小宝激动地说。

"只要你们认真学习本书中的13种国家重点保护珍稀特有鱼类知识，就能找到散失在长江中的13颗宝珠。"江百通说。

"然后呢？"河小宝说。

"然后，它们将融合成一颗'江之魄'明珠，在它的帮助下，水生态就会得到改善。"江百通说。

"那太好了，我们现在就出发去寻找宝珠吧！"河小宝、湖小贝异口同声地说。小朋友们，准备好了吗？让我们一起去寻找13颗宝珠吧！

长江鱼王珍贵宝——中华鲟

长江边，河小宝呼喊着："快来看，好奇怪的一条大鱼！"

旁边游玩的游客凑了过来，"啥都没看到，瞎嚷嚷什么呢？"

河小宝和湖小贝面面相觑。

"哎哟，小朋友，快救救我！"

那条鱼全身被渔网缠住，动弹不得，使出浑身力气，勉强摆动了一下胸鳍。"你好，你好……我叫中华鲟。我被这讨厌的渔网束缚住了，请救救我！"

河小宝和湖小贝清理掉渔网，中华鲟终于可以欢快地在江水中游动了。

中华鲟百日照

中华鲟

长江中现存最大的鱼，素有**"长江鱼王"**之称。它生在长江，长在近海，因此，我们在长江和近海都能找到它们。让我们一起去看看这个神秘的巨无霸吧！

一 中华鲟的身体结构

1 体长和体重

中华鲟属于鲟科鲟属鱼类，体型比较大，常见个体体长 0.4~3.5 米，体重 50~300 千克，最大个体体长可达 5 米，体重可达 600 千克。

3.5 米

一棵小树的高度约 3.5 米

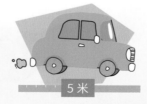

5 米

一辆小汽车的长度约为 5 米

600 千克相当于 10 个成年人的体重

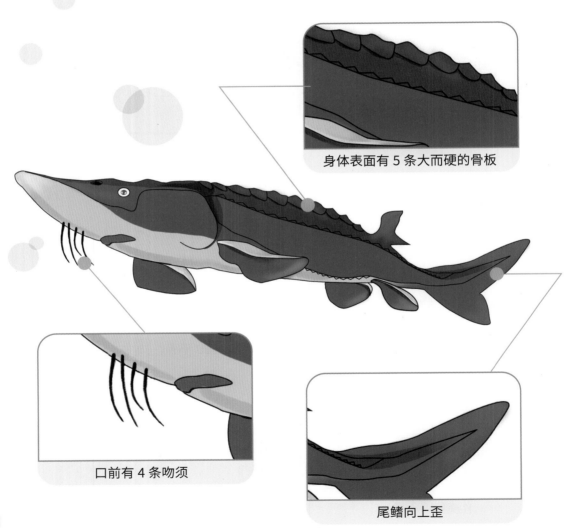

2 外形特征

中华鲟的身体呈梭形，头呈三角形，吻尖长，口下位，口吻部中央有 2 对须。鼻孔很大，眼睛却很小。身体表面有 5 条大而硬的骨板，背部一条，体侧左、右各一条，腹部左、右各一条。尾鳍向上歪，背鳍与臀鳍位置相对，胸鳍和腹鳍各一对，腹鳍位于背鳍的前方，腹部平平的，喜欢在水底活动。

身体表面有 5 条大而硬的骨板

口前有 4 条吻须

尾鳍向上歪

填一填

河小宝学习了中华鲟的身体结构特征后，把下图中的结构名称与中华鲟身体的对应部位用线连起来了，请你看一看，他连得对吗？请你将身体特征对应的数字填入相应的圆圈内。

中华鲟身体部位

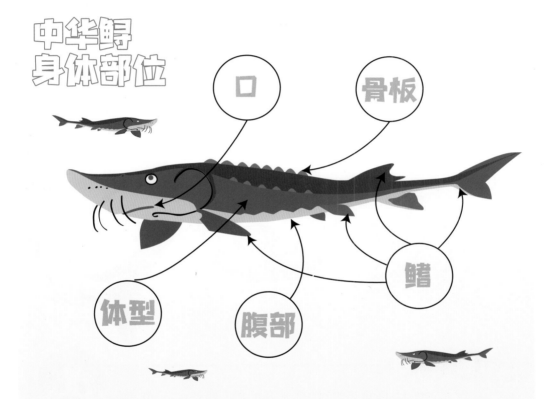

口　骨板　鳍　体型　腹部

中华鲟的身体特征

① 身体呈梭形，头比较尖。

② 口位于腹面，有伸缩性，口前有两对吻须。

③ 身体表面有5条大而硬的骨板，背部一条，体侧左、右各一条，腹部左、右各一条。

④ 尾鳍向上歪，背鳍与臀鳍位置相对，胸鳍和腹鳍各一对，腹鳍位于背鳍的前方。

⑤ 腹部平平的，喜欢在水底活动。

二 中华鲟的习性

1 食性

中华鲟生活于长江和近海中，是底栖杂食性鱼类。中华鲟在不同的生活环境中，食物种类有所变化：在长江中、上游地区的食物主要是摇蚊幼虫、蜻蜓幼虫、蜉蝣幼虫及植物碎屑等；在长江河口崇明岛附近的咸淡水域中的食物主要是虾、蟹及小鱼；在近海水域主要以鱼类、甲壳类和头足类为食。

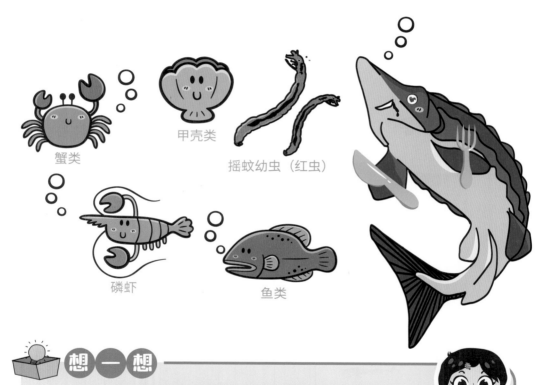

蟹类

甲壳类

摇蚊幼虫（红虫）

磷虾

鱼类

想一想

问 **如何判断鱼类的年龄？** 中华鲟寿命最长可达 40 年。我们可以从中华鲟的什么结构上知道它的实际年龄呢？

答 中华鲟是脊索动物门、硬骨鱼纲、鲟形目鱼类，其身上的一种鱼鳞由真皮性骨板形成。在骨板上有一些同心圆环纹。春、夏季鱼体生长速度快，环纹间距疏而大；冬季鱼体生长慢，环纹间距密而小。因此，在一年内生成了一道疏一道密的环纹，称为一个"年轮"。依年轮数，可推断出中华鲟的年龄。

2 洄游

中华鲟可以生活在海里，那里食物十分丰富，为什么要不远千里洄游到长江上游呢？

洄游是鱼类运动的一种特殊形式，是一些鱼类主动、定期、定向、集群的水平移动，也是一种周期性运动，随着鱼类生命周期各个环节的推移，重复进行。

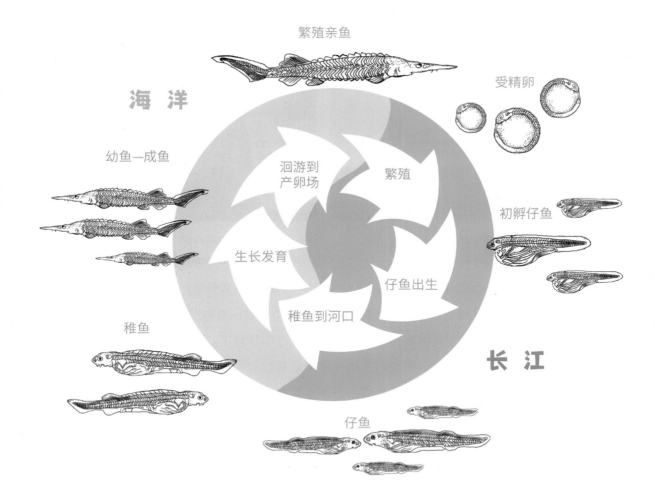

繁殖亲鱼

受精卵

海 洋

幼鱼—成鱼

洄游到产卵场

繁殖

初孵仔鱼

生长发育

仔鱼出生

长 江

稚鱼到河口

稚鱼

仔鱼

中华鲟具有洄游习性。中华鲟对产卵场所的要求十分苛刻，大海里虽然食物丰富，却不是一个理想的繁殖地。幼鱼长成成鱼，雄鱼需要长到9岁，雌鱼需要长到14岁，才可达到初次性成熟。每年秋季，生活在长江口外浅海域的中华鲟洄游到长江，历经3000多千米的溯流搏击，才回到金沙江一带产卵繁殖。产卵后待幼鱼长大到15厘米左右，又携带它们"旅居"外海。它们就这样世世代代在江河上游出生，在大海里生长。

 中华鲟的物种故事

中华鲟标本

中华鲟增殖放流

1963年，我国著名鱼类学家伍献文正式把有10块背骨板的鲟鱼冠名为"中华鲟"，从此便开启了中华鲟的研究、保护之路。中华鲟一直有淡水鱼"老寿星""活化石"之称。远在周朝时期，先人们就已经见过中华鲟了。对于中国人来说，它们是江河中古老的精灵，和我们人类一样热爱着这片广袤的土地。尽管在日本、韩国、老挝等国家都有它们的足迹，但不管路途多么遥远、历经何种千难万险，它们总是执着地洄游到中国的江河里生儿育女，饥饿、疲劳、恶浪、激流通通不能阻挡它。但受人类活动的影响，其种群数量近几十年来急剧下降。目前，国家相关部门正在组织对中华鲟的保护，并且将每年的3月28日定为中华鲟保护日。每年的这一天，国家的相关部门和单位会组织中华鲟放流长江活动。在没有找到可靠的保护措施和自然繁殖恢复途径之前，开展全人工繁殖、构建人工种群、加大增殖放流力度是未来恢复中华鲟自然繁殖的重要保护措施。

问 小朋友们想一想，为什么要对中华鲟进行人工增殖放流呢？

答 中华鲟目前处于极度濒危状态。在野外环境里，科学家发现中华鲟最后一次进行自然繁殖的年份是 2016 年，2017—2023 年连续 7 年未发现其自然繁殖的现象。因此，在没有找到可靠的保护措施和自然繁殖恢复途径之前，开展全人工繁殖、构建人工种群、加大增殖放流力度是未来恢复中华鲟自然繁殖的重要保护措施，也是保护长江生物多样性、恢复河湖生态的重要举措。

四 科普训练营

下图是一条中华鲟的轮廓图，图上勾画出了中华鲟的各部分结构轮廓。请将图片下方括号中的结构名称所对应的结构在轮廓图中找出来，并涂上你在圆圈中指定的颜色。例如：吻须，在文字上方的圆圈中涂上指定颜色蓝绿色，在轮廓图中的吻须也对应地涂上蓝绿色。当然，你要每一个结构选一种不同的颜色，否则就容易搞混了。

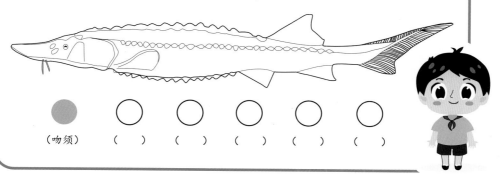

（吻须） （　） （　） （　） （　） （　）

五 实地考察

我们在哪里可以看到中华鲟呢？可以去参观水利部中国科学院水工程生态研究所水生态与生物资源研究实验基地，现场了解中华鲟的知识。

六 大家说

再过曹甥子念饮畅作

[明] 王世贞

曹生[1]顿复益数椽，门前柳色春风颠。

入门左顾壁四立，欲言不言但辗然[2]。

松涛骤鼓[3]豆香发[4]，碧瓯[5]错落真珠圆。

江瑶[6]含醉垂紫缬，鲟[7]鼻吐腴[8]如玉船。

人生醉饱差快意，馀者[9]碌碌俱可怜。

主人送客欲就枕，东家酒胡索酒钱。

安得负郭[10]买二顷，为汝种秫[11]消残年。

[1] 曹生：姓曹的男子。

[2] 辗 [chǎn] 然：开怀大笑的样子。

[3] 骤鼓：突然发作。

[4] 豆香发：闻到煮豆子的香味。

[5] 碧瓯：碧玉杯，对杯的美称。

[6] 江瑶 [yáo]：同"江珧"，一种海蚌。此句意译为海蚌肉雪白如玉，海蚌壳泛着珍珠光泽，如紫色花纹的丝绸。

[7] 鲟 [xún]：鲟鱼。

[8] 腴 [yú]：腹下的肥肉。此句意译为鲟鱼鼻子喷出油脂一样的水雾，像玉船一样。

[9] 馀 [yú] 者：其余的人。

[10] 负郭：靠近城郭。

[11] 秫 [shú]：带有黏性的谷物，这里指黏高粱，可以做烧酒，有的地区泛指高粱。

中华鲟："谢谢你们的仁爱之心！我有一颗宝珠送给你们！"说着，中华鲟口中散发出耀眼的光芒，吐出一颗闪亮的宝珠，宝珠中隐约闪现出一个"仁"字。

身披白甲沙腊子——长江鲟

"河小宝，这里有一种鲟鱼和中华鲟很像，却也略有不同，快看！"

"在哪，在哪？""嘿！它跑了！"

突然出现的长江鲟，一个猛子钻到了沙子里。

"怪不得大家都叫它'沙腊子'！"

"别抓我，别抓我，我还要给爸爸妈妈寻找食物呢！"长江鲟哭着说，"哎，在长江里觅食太难了！"

湖小贝湿红了眼睛："不会了，不会了，长江已经开始了十年禁渔，还有很多环保人士加入了保护长江的行动，你们可以放心地生活了！"

长江鲟

珍稀程度堪比中华鲟的鱼，国家一级重点保护野生动物，被列入《世界自然保护联盟濒危物种红色名录》野外灭绝物种。让我们一起去看看这种珍贵的生物吧！

一 长江鲟的身体结构

1 体长和体重

长江鲟属于鲟科鲟属鱼类，是较大型的淡水定居性鱼类，分布于我国金沙江下游、长江上游及各大支流。长江鲟成熟个体的体长一般为 0.75~1.05 米，体重一般为 4.5~12.5 千克，最大个体体重可达 30 千克。

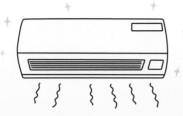

普通家用空调室内挂机的长度一般为 0.75 米

一桶 4.5 升纯净水的重量约 4.5 千克，30 千克约为 7 桶纯净水的重量

2 外形特征

长江鲟的身体呈梭形，胸鳍前部平扁，尾端尖细。头呈楔形，吻端尖细，略向上翘。鼻孔大，位于眼前方。眼小，侧上位。口下位，横裂状，能自由伸缩。长触须两对，约等长，平行排列于口前方。背鳍位于身体后部，胸鳍位于鳃孔后下方，腹鳍位置较后，臀鳍位于背鳍后下方，尾鳍为歪尾型，上叶长，下叶短小。体表具五列纵行骨板，背部正中一列最大，体两侧中部各一列，腹部左、右各一列。身体背部和侧上面呈灰褐色，腹侧向下渐灰白，其间界线分明。各鳍青灰色，其边缘为白色。

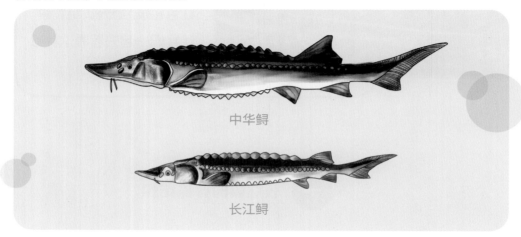

中华鲟

长江鲟

 **填一填**

下面对长江鲟的外形描述，哪些是不正确的？在前面的圆圈中打"√"或"×"，并说一说为什么。

○ 长江鲟的个头与中华鲟差不多。_____

○ 长江鲟的骨板相对于其他鱼类呈现较白的颜色。_____

○ 长江鲟的身体像一把长长的梭子。_____

二 长江鲟的习性

1 食性

长江鲟主要以底栖无脊椎动物及昆虫幼虫为食，包括摇蚊幼虫、蜻蜓幼虫、蜉蝣 [fú yóu] 幼虫、寡毛类和虾类等，也摄食植物碎屑、藻类等。食物中也出现一些小型鱼类，如餐 [cān]、虾虎鱼、鮈类等。

摇蚊幼虫（红虫）

蜻蜓幼虫（水虿 [chài]）

餐 [cān]

吻鮈

2 栖息生境

长江鲟喜在较暗的底层缓流水体中活动，经常栖息在 8~10 米的江河区，底质为沙质或碛 [qì] 滩，有较多的腐殖质和底栖生物。

3 繁殖习性

长江鲟一般在春季繁殖，性成熟较晚，雌鱼一般为 6~8 龄，雄鱼一般为 4~5 龄。历史上产卵场主要在长江上游合江至金沙江下游屏山一带，常在水流湍急、卵石底质的河滩处产卵，产黏沉性卵，受精卵黏附在砾石上孵化。

问 长江鲟为什么一般在春季繁殖呢？

答 春天是万物复苏的季节，也是许多动物繁殖的季节，长江鲟也不例外。随着春天气温回暖，水温逐渐上升，长江鲟摄食强度增加，饵料生物增多，成年个体的性腺也开始发育成熟，成熟之后就会进入繁殖期。

三　长江鲟的物种故事

参观长江鲟

长江鲟体检

长江鲟在20世纪中叶之前，一直分布于中国长江干支流，上溯可达岷江、沱江、嘉陵江、乌江、渠江及金沙江等区域。自2000年以后，长江全江段均未发现自然繁殖的长江鲟幼苗。最终在2022年，世界自然保护联盟宣布长江鲟野外灭绝。

为保护和拯救长江鲟物种，恢复长江鲟自然种群，打破长江鲟自然繁殖终止、野生种群基本绝迹、人工种群亟须保护的现状，《长江鲟（达氏鲟）拯救行动计划（2018—2035）》开始实施。目前，长江鲟全人工繁殖取得成功，且对其加大了放流力度。如2020年，泸州市在增殖放流活动中，放流长江鲟1400多尾；2021年，宜宾市在长江上游开展珍稀特有鱼类增殖放流活动，共放生30厘米以上长江鲟50000尾；同年，在长江鲟野外种群重建增殖放流活动中，放流长江鲟80尾，这些长江鲟都是体长1米以上、体重14~15千克、鱼龄8年以上的个体；2022年，据不完全统计，重庆南岸区广阳岛上，放流了包含长江鲟在内的珍稀鱼类共5000余尾。

据统计，2018年至今，在长江不同江段放流性腺发育成熟的长江鲟约600尾，幼鱼近34万尾。多年的增殖放流活动，使长江鲟得以持续在长江内生活，因此，尽管长江鲟已经被宣布野外灭绝，但它的身影时不时仍在野外出现。

■ 长江鲟的分布

（引自《中国生物多样性红色名录：脊椎动物 第五卷 淡水鱼类》）

为了宣传和保护珍稀濒危的生物资源，1994年国家邮政局发行了《鲟》特种邮票。邮票一套4枚，分别描绘了鳇、中华鲟、白鲟、达氏鲟（长江鲟的旧称）的形象。2001年再次发行了长江鲟的特种邮票。

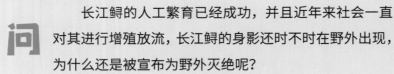

问 长江鲟的人工繁育已经成功，并且近年来社会一直对其进行增殖放流，长江鲟的身影还时不时在野外出现，为什么还是被宣布为野外灭绝呢？

答 物种在野外被发现和野外灭绝并不矛盾。野外灭绝是指该物种的最后一个野生个体死亡，但是还存在人工圈养。中国华南虎就是野外灭绝的典型例子。近几年，野外发现的长江鲟多为人工增殖放流个体，并且多年来在长江全江段都没有发现自然繁殖的长江鲟幼苗。经过多次长时间调查，科学家才判定长江鲟已经"野外灭绝"。

· 物种濒危等级

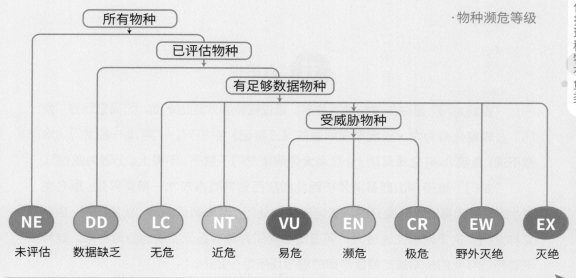

NE	DD	LC	NT	VU	EN	CR	EW	EX
未评估	数据缺乏	无危	近危	易危	濒危	极危	野外灭绝	灭绝

物种受威胁程度越往右越高

四 科普训练营

　　鱼类根据生态习性，有着不同的分类方法。根据洄游习性划分，可分为洄游性鱼类和定居性鱼类；根据鱼类栖息空间划分，可分为上层鱼类、中层鱼类、中下层鱼类、底层鱼类；根据摄食类型划分，可分为浮游生物食性鱼类、草食性鱼类、杂食性鱼类、肉食性鱼类等。通过前面的阅读，你能把长江鲟的生态习性正确填写在下图的空白处吗？

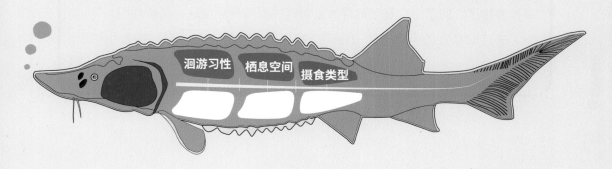

五　大家说

　　"鱼跃龙门"是中华传统神话故事。据说鲤鱼喜欢跳出水面，如果它跃过"龙门"，就能化身为龙。汉代辛氏所著的《三秦记》中提到，"河津一名龙门，水险不通，鱼鳖 [biē] 之属莫能上。江海大鱼薄集龙门下数千，不得上，上则为龙也"。

　　"龙门"位于今山西省河津市西北和陕西省韩城市东北一带交界处，原名龙关，据说是大禹治水时凿开的。黄河流经此处时，两岸峭壁对峙，犹如门户，由此又称龙门。这里河水流速较大，河道宽窄相间并具有石砾底质的急滩地带。这种地貌特征与我们所知道的鲟鱼产卵的理想场所是一致的。

　　因此有科学家认为，"鱼跃龙门"所指的并非一般的鲤鱼，而是指"鲟鳇鱼"，也就是中华鲟、长江鲟等鱼类。鲟鱼跃过龙门，是为了繁衍后代。由于古代大鲤鱼叫作"鳣 [zhān]"，鲟鱼叫作"鲔 [wěi]"，古人将"鳣"与"鲔"混淆，才有了"鲤鱼跃龙门"的传说。

　　江百通说道："人类越来越爱护我们，我们终于可以安心地给爸爸妈妈寻找食物了。对了，这是我在寻找食物时找到的一颗宝珠，送给你们！"

　　长江鲟从沙砾中顶出了一颗闪亮的宝珠，只见一个"孝"字隐约闪现出来。

第三节

仗剑长江空余恨——白鲟

　　"湖小贝，我来考考你，鱼类的游泳健将是什么鱼？"
江百通提问。

　　"我知道，是剑鱼！"湖小贝一脸自豪地回答。

　　"那你知道什么鱼叫中国剑鱼呢？"江百通又问道。

　　"嗯，这就触及我的知识盲区了，嘿嘿。"

　　"它就是白鲟，可惜的是，它已经灭绝了。"

白鲟

与长江鲟类似，白鲟也是远古生命留给我们的珍贵遗产。有人说，长江鲟是"长江那一颗悬而未滴的泪"，白鲟是"已化为时代的眼泪离我们而去"。让我们一起来认识和缅怀这种珍贵的生物吧！

一　白鲟的身体结构

1 体长和体重

长江是我国鱼类资源最为丰富的河流之一。这里曾经生活着 3 种鲟鱼：白鲟、中华鲟和长江鲟。它们都是非常古老、非常珍稀的物种，有"水中国宝"之称。长江流域的渔民流传着一句顺口溜，叫"千斤腊子万斤象"。"千斤腊子"指的是中华鲟，"万斤象"说的是白鲟。至于长江鲟，由于个头最小，被人们称作"小腊子"。

白鲟常见个体体长 2～3 米，体重 200～300 千克，最大个体体长可达 7.5 米，也就是说有一间教室那么长，体重则超过 900 千克，相当于 15~20 个成年女性的重量。

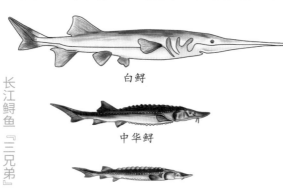

白鲟

中华鲟

长江鲟

长江鲟鱼『三兄弟』

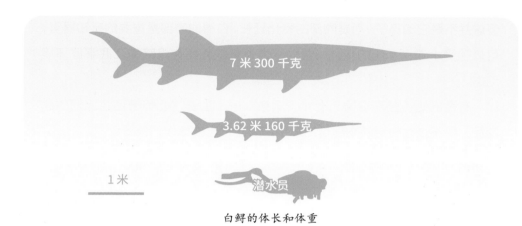

7米 300千克

3.62米 160千克

1米

潜水员

白鲟的体长和体重

2 外形特征

白鲟属于匙吻鲟科，是我国特有的大型濒危珍稀鱼类。虽然以"白"为名，白鲟的身体其实只有腹部是明显的白色，头、体背部和尾鳍都呈青灰色。

作为鲟鱼家族的一员，白鲟与它的近亲们拥有着许多共同的特征，比如长梭状的体型、尾巴与鱼鳍的平扁形状、嘴边生长的两对触须等。依靠庞大的身躯和迅猛的速度，白鲟不需要骨板的保护，就能在长江中"横行四方"，基本找不到对手。

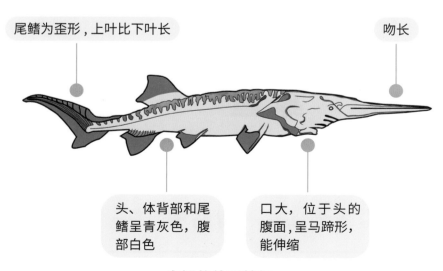

尾鳍为歪形，上叶比下叶长

吻长

头、体背部和尾鳍呈青灰色，腹部白色

口大，位于头的腹面，呈马蹄形，能伸缩

白鲟的外形特征

白鲟的头部前端由宽变窄，有着呈"宝剑"状的器官，长度堪比象鼻。但这并不是它的鼻子，而是吻部的特化延长。白鲟的吻部是重要的感知器官，可以感受水流、水压的变化，帮助视力退化的大鱼在黑暗的江底掌握环境动态。

　　有趣的是，长江白鲟还有个"远亲"——生长在北美密西西比河的匙吻鲟。只不过匙吻鲟的吻部更加扁平，因此它也被称作"鸭嘴鱼"。

白鲟

 试一试

　　如下图所示，白鲟有着许许多多的别名。这些"美名"是如何得来的呢？请你结合前面的阅读内容推测一下吧！

箭鱼　　中华匙吻鲟　　琴鱼　　水中老虎

象鱼

鲔　　中国剑鱼

水中大熊猫　　象鼻鱼　　淡水鱼王

柱鲟鳇　　鲟钻子　　琵琶鱼

二 白鲟的习性

1 食性

白鲟为大型凶猛性鱼类，成鱼和幼鱼均以鱼类为主食，亦食少量虾、蟹等动物。食性也随季节和环境不同而异，当春、夏季在长江上游时，以鮈类和铜鱼等为主；在秋冬季，则以虾虎鱼和虾类为主；在长江下游江段则以刀鲚鱼类为主，其次是虾、蟹类。

波氏吻虾虎鱼

刀鲚

2 栖息生境

白鲟为江河洄游性鱼类，栖息于长江干流的中下游，偶见于河口咸淡水域或大型通江湖泊。大的个体多栖息于干流的深水河槽，善于游泳，常游弋于长江各江段广阔的水层中；幼鱼则常到支流、港道，甚至到长江口的半咸水区觅食。在白鲟灭绝以前，主要分布在长江（自宜宾到长江口）的干支流中，黄海、渤海和东海也曾偶有发现。2022 年世界自然保护联盟宣布白鲟灭绝。

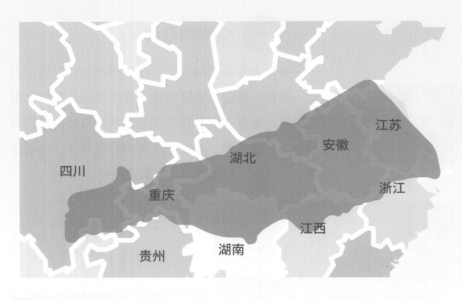

■ 白鲟的历史分布

（引自《中国生物多样性红色名录：脊椎动物 第五卷 淡水鱼类》）

繁殖习性

白鲟初次性成熟年龄，雌性与雄性不相同。雌性一般为 7～8 龄，个体体长一般在 2 米左右，体重在 25 千克以上，雄性稍早。繁殖季节在 3—4 月，现知产卵场位于宜宾市所属的宜宾县柏溪镇上游 8 千米处的金沙江下游河段和江安县长江上游河段。白鲟在卵石底质河段产黏沉性卵，受精卵黏附在砾石上孵化。

想一想

问

白鲟体表特征与中华鲟和长江鲟的主要区别是什么？

答

白鲟体表特征与中华鲟和长江鲟的主要区别是白鲟身体及头部均裸露，没有骨板被覆（被覆是指动物身体最外层的覆盖物）。

三 白鲟的物种故事

科学家普遍认为，白鲟早在白垩纪早期就已经出现，与暴龙、大鹅龙、孔子鸟等远古生物"同台竞技"。白鲟在地球上生活了1.5亿年之久，堪称"活化石"。2003年初，宜宾长江段，一条白鲟被渔民误捕，经救护后成功放流。可惜的是，这成了白鲟和人类的最后一次会面。20年过去了，白鲟再也没有出现在人类的视野里。

2003年1月24日上午，宜宾市南溪区一渔民在南溪区福溪口长江江段误捕到一头雌鲟，长约3.53米，体重150多千克，体内有约100万粒鱼卵。其头部和尾部有明显的伤痕，皮肤上有一些红色斑块，像是皮下淤血。2003年1月27日下午，经过专家3天3夜的精心救治，白鲟重回长江。此后，中国水产科学研究院长江水产研究所的专家们通过白鲟身上安装的声呐发生仪，24小时不间断地跟踪这条白鲟的动向。1月29日晚，这条白鲟加速游进长江九龙滩激流段，而追踪船因触礁追丢了白鲟信号。至此，人类永远地失去了白鲟的踪迹。

当世界自然保护联盟宣布长江白鲟灭绝的消息传来，当年那条白鲟的救助者难过到声音哽咽："就像一位老朋友永远离开了……"现在，我们只能通过标本、照片、绘画来遥想白鲟当年仗剑长江、日巡百里的英姿。

明·郑重《搜山图》局部（美国波士顿美术馆藏）

白鲟标本

想一想

问 　为什么中华鲟和长江鲟已经人工繁育成功，并且近年来都在对其进行增殖放流，而白鲟现如今已经灭绝而仍未人工繁育成功呢？

答 　主要原因是错过了关键的时间节点。此前，白鲟的人工繁育技术一直在储备中，但没有引起足够的重视。而近些年技术条件具备、社会重视对白鲟的保护后，研究团队却再也没有捕获到活体野生白鲟亲本。

四 科普训练营

发挥创意，在绘图纸上为鲟鱼"三兄弟"设计造型，然后使用软黏土（如超轻黏土或软陶泥等）制作出来。

超轻黏土手工制作的一般步骤

第一步 调泥：将不同颜色的黏土按一定比例混合，得到需要的颜色和分量。

第二步 塑形：配合剪刀、丸棒等黏土工具，捏出外部轮廓。

第三步 上色：待黏土干燥后，使用丙烯颜料等涂色。

第四步 上油：待颜料干燥后，涂上亮光油。

生物多样性——珍稀特有鱼类

五 大家说

春献王鲔[1]。

——《周礼·天官》[2]

天子始乘舟，荐鲔于寝庙。

——《礼记·月令》[2]

[1] 白鲟古称为"鲔"。古籍中记载，鲔多作为供品，用来献祭给祖先和鬼神。特别大的白鲟被称作"王鲔"，在周天子的祭祀中有着重要地位。"春献王鲔"就是要在春季进献大鲔鱼。

[2] 《周礼》相传为西周时期的著名政治家、思想家、文学家、军事家周公旦所著。《礼记》编定于汉代，至唐代被列为"九经"之一，为士子必读之书。《周礼》《仪礼》和《礼记》合称"三礼"，都是阐述古代华夏礼乐文化的儒家经典。

白鲟："小朋友们，只有人类真正落实好长江生态环境保护的要求，其他生物才不会像我们这样灭绝。你如果能用长江中的沙土捏成我的样子，说不定会有惊喜。"湖小贝照做后，沙土中突然发出白色的光芒，一颗晶莹剔透的"真"字宝珠，如"长江剑客"曾流下的泪水，闪着光，缓缓地滑落到湖小贝的手心中。

旧时佳肴活退秋——圆口铜鱼

"哎，河小宝，你喜欢吃鱼吗？"

"我可喜欢吃鱼了，我喜欢吃'黄鸭叫'，嘿嘿。"

清朝"戊戌六君子"中的刘光第，他将自己喜欢吃的一种鱼写进了诗篇——《同人约食退秋鱼夜泛舟宝华寺下》。

"退秋"一词源自沱江立秋后退秋水，圆口铜鱼在此季节才能捕捉到，故得名"退秋鱼"。

圆口铜鱼

"铜光闪闪"的长江特有鱼类,因"脍炙人口"这一成语而受人追捧,却因栖息地遭到破坏而逐渐成为保护动物……让我们一起探寻这种"好味道"的珍稀动物吧!

一 圆口铜鱼的身体结构

1 体长和体重

圆口铜鱼属于鲤科铜鱼属鱼类,又名水密子、金鳅、麻花鱼等,因成鱼体色为黄铜色、嘴巴呈半圆形而得名。常见个体体重多为 0.5～1 千克(1～2 斤),最大个体体重可达 3.5~4 千克(7~8 斤),成年个体体长一般为 0.35 米左右。

圆口铜鱼

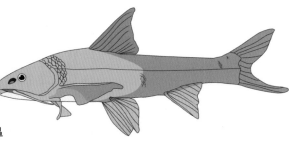

2 外形特征

圆口铜鱼的头比较小，鼻孔比眼睛还大。嘴巴呈半圆形，上嘴唇突出。有一对又长又粗壮的胡须。身体的颜色为黄铜色，身体两侧有时呈肉红色，腹部白色带黄，尾鳍金黄色，尾鳍边缘为黑色。

找答案

人们常将刀鱼、鲥和河豚称为"长江三鲜"。这三种鱼都以肥美鲜嫩而闻名遐迩。其实，圆口铜鱼曾经是经济鱼类，它的鲜美滋味一点儿都不弱于"长江三鲜"。民谚有云："鲤鱼的尾，鲫鱼的背，水密子全吃一张皮。"铜鱼较常见的做法是清蒸，这样能够最大限度地保留鱼的鲜味。厨师们处理铜鱼时一般不刮鱼鳞，因为它的鱼鳞也是可以食用的，吃起来别有一番味道。圆口铜鱼被列入保护鱼类，现已禁止食用。

连线：下面四张图分别是圆口铜鱼、刀鱼、鲥和河豚，你能分辨清楚吗？

圆口铜鱼

刀鱼

鲥

河豚

生物多样性——珍稀特有鱼类

二 圆口铜鱼的习性

1 食性

圆口铜鱼是底栖杂食性鱼类，食性比较多样，主要以水生昆虫（生活在水中的小虫子）、软体动物（螺、蚌等）、植物碎屑、鱼卵、鱼苗等为食。过去，科学家们调查中华鲟的产卵情况时，就是通过解剖产卵场下游的野生铜鱼，监测其食道中的鱼卵。圆口铜鱼的摄食活动与水温有密切关系。春、夏、秋季摄食强烈，冬季减弱；昼夜均摄食，但白昼摄食频率低于夜间。

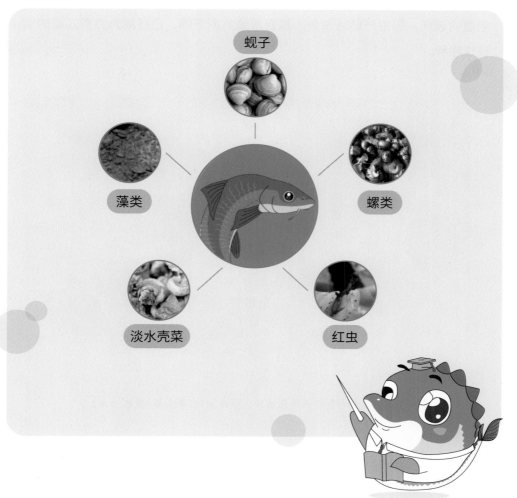

蚬子

藻类

螺类

淡水壳菜

红虫

2 栖息生境

圆口铜鱼主要分布在我国金沙江中下游干流、长江上游干流，以及雅砻江、岷江、嘉陵江、乌江等支流中。圆口铜鱼属底栖性鱼类，喜欢栖息在水流湍急的河流底层。每年水温适宜时期，生活在长江上游及金沙江、岷江等干支流中，天冷了就群居在干流深水的底层岩石洼洞处得以度过寒冬。

野生圆口铜鱼曾经是长江中上游重要的经济鱼类，特别是在金沙江部分江段渔获物组成中圆口铜鱼的比例曾高达40%。后来，因为圆口铜鱼的栖息地遭到破坏，野生产卵场消失，其资源量急剧下降，已经成为许多江段的偶获性物种。

■ 圆口铜鱼的分布

（引自《中国生物多样性红色名录：脊椎动物 第五卷 淡水鱼类》）

3 繁殖习性

圆口铜鱼属于河道洄游性鱼类，在不同的阶段生活需要不同的生存环境。开春后，圆口铜鱼会洄游到金沙江中下游的急流中产卵。产卵完成到立秋之后又回到长江上游干支流的下游育肥和越冬。其产卵场主要分布在金沙江下游及雅砻江。

圆口铜鱼的产卵期一般在 4 月下旬到 7 月上旬。其中以 5—6 月最为集中，是盛产期，在有卵石的河底急流处产漂流性卵，产出的卵迅速吸水膨胀并在顺水漂流过程中发育孵化。当水温在 22~24℃时，受精卵经 50~55 小时即可孵出。

 为什么圆口铜鱼在冬天摄食会减弱呢？

 因为圆口铜鱼和人一样也会怕冷，冬天不想动，动得少吃得也就少，所以摄食会减弱。

 **三** **圆口铜鱼的物种故事**

圆口铜鱼曾经是老渔民眼中的宝贝，更是能满足川渝人民口腹之欲的食材。从长江主要经济鱼类之一到《国家重点保护野生动物名录》中的国家二级重点保护野生动物，圆口铜鱼究竟经历了什么？

首先，圆口铜鱼对生活环境要求严格，喜欢生活在水流湍急的地方。其次，圆口铜鱼肉质细嫩，口感清香，市场需求量大，过度捕捞造成圆口铜鱼的野生资源不断减少。其售价虽然不断飙升，但是仍然抵挡不住人们对圆口铜鱼的喜爱。在 2007 年左右，圆口铜鱼成了濒危物种，被国家立法保护。另外，水利工程的建设不仅导致其适宜产卵的生境消失，而且阻断了它的产卵路线，使得圆口铜鱼无法正常产卵繁殖后代，这对于圆口铜鱼整个群体来说无疑是一场灭顶之灾。加之随着经济社会的发展，水环境的污染加剧，水质恶化，敏感的圆口铜鱼在生存繁衍上更是难上加难。

圆口铜鱼作为长江上游珍稀特有鱼类保护区的指标性物种，它的数量影响着其上下游食物链生物的生存，继而影响到整个生态系统的平衡。因此，在意识到圆口铜鱼的数量剧烈下降后，四川人民政府出台了一系列的保护措施，如规划圆口铜鱼的保护区以减缓资源衰退的速度等。

然而，上述措施对于保护现存的圆口铜鱼来说还远远不够，增殖放流才是圆口铜鱼摆脱濒危处境的恢复之道。如何突破圆口铜鱼的驯化技术、实现其人工的繁育养殖，成为科研工作者面临的难题。在科研人员的不懈努力下，2014 年圆口铜鱼人工驯养繁殖成功。小规模的试验性放流，使一部分的圆口铜鱼在时隔几年后重新回归自然家园。2020 年，圆口铜鱼规模化繁殖技术获得突破，首次在长江上游珍稀特有鱼类国家级自然保护区水域开展了人工繁殖圆口铜鱼子一代苗种大规模放流活动，2021 年将 16.69 万尾圆口铜鱼鱼苗放流入赤水河。这些增殖放流活动，不仅对圆口铜鱼种群数量的恢复有着非凡的意义，也为长江生态修复提供了成功的案例。

科研工作者所做的努力都是值得的，相信在不久的将来，他们会突破更多类似圆口铜鱼全人工养殖技术的难关，实现对更多物种的保护。

想一想

问 从长江主要经济鱼类之一到《国家重点保护野生动物名录》中的国家二级重点保护野生动物，圆口铜鱼究竟经历了什么？

答 由于产卵场的破坏，且缺乏补充群体，圆口铜鱼种群数量逐渐下降，由常见种变成了珍稀种，逐渐成为保护动物。

凹 **科普训练营**

从以下两幅图中找出圆口铜鱼，帮助它恢复本来的身体颜色。

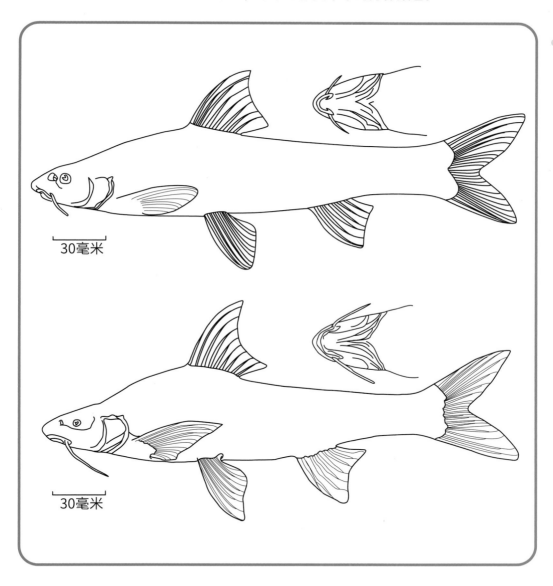

30毫米

30毫米

同人约食退秋鱼夜泛舟宝华寺下[1]

[清] 刘光第

酒美同消夜，鱼香活退秋[2]。

嫩凉依客坐，好月看人游。

铜佛陂陀隐，金神沆瀣流。

归来有余兴，梆鼓转街头。

[1] 刘光第，清末"戊戌六君子"之一。清光绪十年（1884年），刘光第在富顺知县赵化镇文昌书院讲学。秋初，应约与友人乘舟夜泛沱江宝华寺下，捕食"退秋鱼"，并创作了组诗《同人约食退秋鱼夜泛舟宝华寺下（四首）》，此处所录为第四首。

[2] 据《富顺县志》载："退秋，学名铜鱼。"刘光第在诗后自注云："退秋，鱼名，出水即死，俗名出水烂，乡人多于舟中食之。"沱江夏季涨水，水质浑浊；到立秋后水变清凉，称为退秋水。铜鱼在此季节才能捕捉到，故此得名"退秋鱼"。

　　退秋鱼学名铜鱼，俗名金鳅、退秋。铜鱼肉质细嫩，味道鲜美，是上等的食用佳品。旧时有钱人家往往于立秋之后，在沱江上置一条船。厨子清晨现捞现做，然后放进食盒，包裹保温，几个壮年劳力接力飞奔百里送回镇上，这样才能让主人家在中午吃上最新鲜的退秋鱼。

　　江百通："刘光第参与'戊戌变法'失败被捕后，未加审讯，慈禧太后就下处斩令。他叹息说：'吾属死，正气尽！'最后英勇就义，身躯仍挺立不化！"河小宝为了更好地了解刘光第，回家找到相关书籍加以学习，被刘光第至死不屈的男儿气节所打动，立志成为刘光第这样的人。突然，一阵风将书翻到最后一页，从书里刘光第的掌中豁然跳出一个"义"字宝珠。

第五节

淡水中的土耗儿——长鳍吻鮈

"呜呜呜……"

"咦？是谁在哭泣？"河小宝放下小铲子，循着声音找了过去。

是一条灰不溜秋的小鱼在哭泣！

"呜呜呜，他们都叫我土耗儿！我一点儿也不喜欢——这个外号，我叫长鳍吻鮈！"长鳍吻鮈说。

"的确是的，我也不喜欢其他人给我起外号，我觉得这样很没礼貌。"湖小贝说。

"谢谢你们的理解，或许是大家出于对我的偏爱和喜欢，才这么叫我。"长鳍吻鮈说。

河小宝说："不过，但出于礼貌，我觉得还是不要随意给他人起外号！"

长鳍吻鮈

俗名是"土耗儿"，也是我国特有物种，《中国生物多样性红色名录》濒危物种，国家二级重点保护野生动物。让我们一起去认识这种日渐稀有的生物吧！

一　长鳍吻鮈的身体结构

1 体长和体重

　　长鳍吻鮈属于鲤科吻鮈属鱼类，俗名洋鱼、土耗儿等。长鳍吻鮈是长江上游江段中特有的底栖小型鱼类，主要分布于长江上游干流及其主要支流。长鳍吻鮈体型较小，味道鲜美，曾经是长江的经济鱼类之一。

　　长鳍吻鮈的最大个体体重仅 0.36 千克，初次性成熟个体体长 0.16 米，初次性成熟个体体重 0.053 千克。

@ 大家好，我是土耗儿。

一部智能手机的长度约为 15 厘米

一部智能手机的重量为 100~150 克

2 外形特征

长鳍吻鮈头较短，身体长，略呈圆筒状，腹部有点圆，嘴向前突出。口朝下（方便觅食底栖动物），呈马蹄形，上下颌一般具角质。嘴边有一对"胡须"叫口角须，比它的眼睛长一点。眼睛小，位于头的侧上方。

背鳍最长的鳍条比头还长。胸鳍也长，呈镰刀状，后伸可达或超过腹鳍的起点。尾鳍深叉形像剪刀，上下等长，末端尖。它的鳞片较小，胸部的鳞特别小。身体背部为深灰色，略带浅棕色，腹部白色。胸鳍、腹鳍和臀鳍淡黄色，背鳍和尾鳍灰黑色。

胸鳍呈镰刀状
（后伸可达或超过腹鳍的起点）

口角须一对

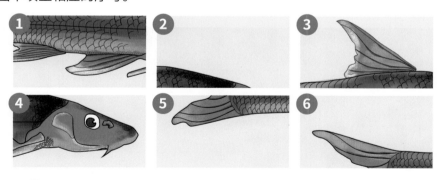

连连看

学习完成长鳍吻鮈的外形特征后，试着拼出完整的长鳍吻鮈图，在圆圈中填上相应的序号。

○ 头部，口下位，呈马蹄形，上下颌一般具角质，口角须一对

○ 腹部，胸鳍长，呈镰刀状，后伸可达或超过腹鳍的起点

○ 背鳍最长的鳍条显著大于头长　　○ 尾鳍上半部

○ 身体背部深灰色，略带浅棕色　　○ 尾鳍下半部

二 长鳍吻鮈的习性

1 食性

长鳍吻鮈主要以底栖动物为食物，如淡水壳菜（螺类中的一种）、河蚬 [xiǎn]、蜻蜓幼虫（水蚤），以及其他水生昆虫。

淡水壳菜

蜻蜓幼虫

河蚬

2 栖息生境

长鳍吻鮈喜欢生活于河流底层，春、夏季活动范围广泛，常在急流险滩、峡谷深沱、支流出口进行觅食。繁殖季节内，长鳍吻鮈出现较为明显的集群现象，喜欢集中在浅水滩上进行产卵活动。秋、冬季时，随着水温的逐渐降低，其活动逐渐减少，冬季进入江河峡谷深处进行越冬。

长鳍吻鮈的栖息生境

3 繁殖习性

长鳍吻鮈产卵期为 4 月上旬至 7 月，水温 17~19.2℃，繁殖季节内，雄性个体吻端和胸鳍不分枝，鳍条和吻端上出现米黄色"珠星"，以此可以区分雌、雄。生殖群体集群在浅水滩处产卵，产卵场底质为沙、卵石，水深 0.5～1 米。其成熟卵粒呈灰白色，受精卵膜透明，属漂流性卵类型，受精卵随水漂流发育。

 问 长鳍吻鮈为什么冬天要进入江河峡谷深处越冬？

答 因为冬天水温降低，浅水处水温很低，并且水温变化较快，长鳍吻鮈难以生存。而江河峡谷深处在冬天水温变化慢，水温相对较高，所以冬天长鳍吻鮈喜欢前往江河峡谷的深水区过冬。

 三 长鳍吻鮈的物种故事

在金沙江下游江段分布着 160 多种鱼类，包括长江特有鱼类 56 种。长鳍吻鮈作为金沙江流域重要的增殖放流规划品种，其人工繁殖技术很长时间未突破。2014 年，有关专家宣布长鳍吻鮈首次实现人工繁育。此次人工驯养繁殖的成功，不仅实现了长鳍吻鮈人工繁殖的历史性突破，使长鳍吻鮈的资源储备、增殖和资源养护有望实现，而且对长江上游珍稀特有鱼类的保护具有重要的技术示范作用。

2018 年，相关研究部门成功开展了人工繁育，批量获得长鳍吻鮈幼鱼。有关研究所通过全循环水工艺培育长鳍吻鮈亲鱼促使人工催产成功，规模化获得子二代鱼苗，实现了长鳍吻鮈全人工繁殖技术的突破，建立了成熟的长鳍吻鮈规模化繁育技术。

问 为什么水坝等水电项目对长鳍吻鮈的受精卵孵化产生了影响？

答 因为长鳍吻鮈产漂流性卵，受精卵的发育需要流水环境，水坝等水电项目使许多河段成为静水区，长鳍吻鮈的受精卵在流速低时，会沉入深水底，因缺氧而死亡，无法成活长大。

科普训练营

小朋友们，让我们一起帮助长鳍吻鮈找食物吧！将正确的食物用线圈起来。

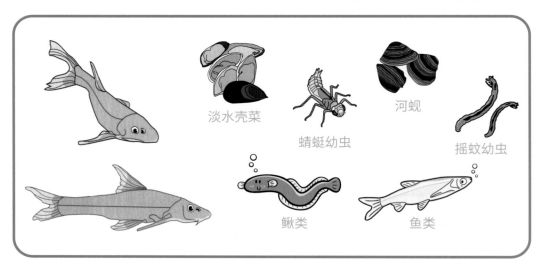

淡水壳菜

蜻蜓幼虫

河蚬

摇蚊幼虫

鳅类

鱼类

生物多样性——珍稀特有鱼类

72

五 大家说

竭泽而渔，岂不获得？而明年无鱼。

——《吕氏春秋》

这句话出自《吕氏春秋·义赏》。春秋时期，中原地区的营、卫、陈、郑等诸国都倒向强大的楚国，只有宋国不愿亲楚国，转而投靠晋国。楚王十分生气，于是包围了宋国的都城商丘。宋成公向晋文公求援，可是晋国兵力也不如楚国。晋国大臣子犯提议使用欺诈的方法迷惑楚军。而大臣雍季却说："臣觉得这个办法不好。"晋文公问："为什么呢？"雍季说："假如有人要抓鱼，把水池的水都弄干，虽然他得到了整个池塘的鱼，但是到了明年，池塘里就没有鱼了。所以，臣认为，欺诈的方法虽然偶尔用一次会成功，但是常常用就会没有用，不是长久之计。"由于当务之急是先解决宋国的危机，最后晋文公还是采用了子犯的计策，果然打败了楚国。可是论功行赏的时候，雍季的封赏却在子犯之上。众人不解，晋文公说："子犯的计策，只能让我们取得一时的胜利，但雍季的建议却能让我们受益无穷呀。"竭泽而渔是不亚于杀鸡取卵的行为。保护生态环境，我们不能竭泽而渔，不能只顾眼前的利益，而放弃长远的发展。

长鳍吻鉤标本

长鳍吻鉤："谢谢你们，让我们理解了小朋友之间要以'礼'相待，请允许我送给你们一件礼物——一个拥有'礼'字的宝珠。"

腹有裂纹肉质鲜——细鳞裂腹鱼

是我帮助它们的！我是真正的细鳞裂腹鱼！

不，是我！我才是真正的细鳞裂腹鱼！

　　这里有两条鱼为了分清楚是谁帮忙清理了水藻而争论不休。河小宝和湖小贝也难以分辨，正在发愁。聪明的小朋友们，你们能帮帮它们吗？

细鳞裂腹鱼

金沙江中的名贵鱼类，中国特有的重要冷水性鱼类之一，国家二级重点保护野生动物（仅限野外种群）。让我们一起去认识这种名贵的鱼类吧！

一 细鳞裂腹鱼的身体结构

1 体长和体重

细鳞裂腹鱼属于鲤科裂腹鱼属鱼类，是长江上游特有鱼类。细鳞裂腹鱼是我国特有的重要冷水性鱼类之一，具有重要的经济价值，体长可超过 0.43 米，体重可达 1.6 千克以上。

细鳞裂腹鱼身体长长扁扁的，背部隆起像小山丘，腹部有点圆，头呈锥形，嘴巴钝钝的。口朝下，口裂呈弧形或横裂，下颌前缘有锐利的角质，下唇表面有乳突。有两对须，其长度稍大于眼径，眼稍大，鼻孔在眼睛的前方。

背鳍外缘向内凹，背鳍刺强，其后缘每侧有 18~31 枚深的锯齿。胸鳍末端有点尖，长度不到腹鳍起点。尾鳍分叉较深，像个横着的字母"V"。全身覆盖细鳞，侧线上的鳞片稍大于体鳞。身体背部是青灰色，腹部是银白色，背鳍、臀鳍灰黑色，尾鳍带红色。

身覆细鳞或裸露，在肛门和臀鳍的两侧各有一列特化的大型臀鳞，在两列臀鳞之间的腹中线上形成一条裂缝，因而名为裂腹鱼。

细鳞裂腹鱼

填序号

聪明的小朋友们，请将描写细鳞裂腹鱼身体特征的句子的序号，填写在细鳞裂腹鱼身旁的"○"内，注意标注的关键词。

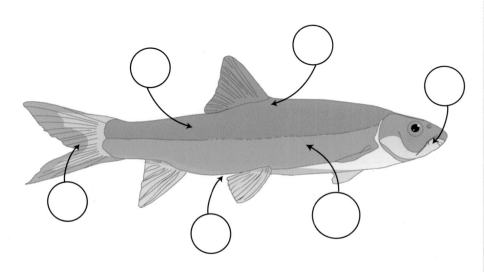

① 体略长而侧扁，背部隆起，头呈锥形。

② 口下位，口裂呈弧形或横裂，下颌有锐利角质，须两条。

③ 全身被覆细鳞，侧线上的鳞片稍大。

④ 背鳍刺上有锯齿，胸鳍末端较尖，尾鳍分叉较深。

⑤ 腹部圆、腹部银白色。

⑥ 身体背部青灰色，背鳍、臀鳍灰黑色，尾鳍带红色。

二 细鳞裂腹鱼的习性

1 食性

细鳞裂腹鱼是杂食性鱼类，野外种群主要以发达的下颌角质铲食藻类。在人工培育条件下，细鳞裂腹鱼苗也吃浮游动物。

细鳞裂腹鱼是冷水性鱼类，栖息于水质清澈、流速快，且具有岩石基底的溪流中。主要分布于金沙江、岷江下游和长江干流上游。春季作短距离洄游至溪流上游产卵，秋季回到下游河段越冬。

2 栖息生境

3 繁殖习性

细鳞裂腹鱼的产卵期为 3—5 月，产卵水温为 13~18℃。产卵场底质为沙、砾石。在湍急的河流中生活，一般野生裂腹鱼类的怀卵量都不大。细鳞裂腹鱼的雄鱼在繁殖季节会在吻部出现"珠星"的特征，雌鱼在繁殖季节腹部明显膨大，而雄鱼腹部比雌鱼小。

问 细鳞裂腹鱼雌鱼与雄鱼在繁殖季节的主要区别是什么？

答 在繁殖季节，细鳞裂腹鱼雄鱼的吻部有突出的"珠星"，而雌鱼没有"珠星"。"珠星"多数出现在雄性鱼类的头部（主要是鳃和吻端），部分雄鱼的鳍上也会出现"珠星"。"珠星"顶部的尖突程度不一，多数呈刺疣状，用手抚摸，感觉粗糙。

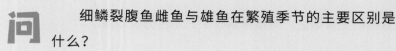

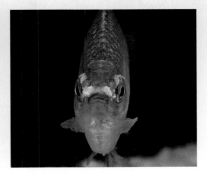

鳑鲏 [páng pí] 雄鱼的"珠星"

 细鳞裂腹鱼的物种故事

20 世纪 90 年代中期，细鳞裂腹鱼是金沙江的重要经济鱼类，但 2008—2011 年的渔获物调查显示其种群数量减少，失去了渔业捕捞价值。2013—2017 年，研究人员在金沙江中下游共采集到鱼类样本 34986 尾，其中细鳞裂腹鱼仅 170 尾，占总采集尾数的 0.49%，表明细鳞裂腹鱼在金沙江中下游分布的数量已极少。2021 年，细鳞裂腹鱼已被列为国家二级重点保护野生动物（仅限野外种群）。

目前，细鳞裂腹鱼的人工繁殖技术已成功，人工养殖的个体已经上了人们的餐桌。但总有人觉得野生鱼类更好，对细鳞裂腹鱼的非法捕捞事件时有发生，如 2023 年 2 月，重庆市巫溪县成功查获一个跨区（县）非法捕鱼团伙，抓获犯罪嫌疑人 6 人，查获渔获物 512 尾，其中包括细鳞裂腹鱼等国家二级保护鱼类 107 尾。这些犯罪嫌疑人不仅捕获了野生的细鳞裂腹鱼，并且使用了对鱼类资源影响严重的电鱼方式，因此等待他们的也将是法律的惩处。由于细鳞裂腹鱼是冷水性鱼类，生长缓慢且怀卵量较少，仅仅过了 30 年，便从重要经济鱼类变成濒危鱼类，如果不对其进行保护，那么它可能成为下一个在野外消失的物种。

想一想

问 我们可以采取哪些措施对细鳞裂腹鱼进行保护？

答 细鳞裂腹鱼的人工繁殖技术已研发成功，因此首先我们可以对其进行人工养殖，再进行野外放流。其次我们还可以建立保护区对细鳞裂腹鱼的栖息繁殖生境进行保护。此外，应严厉打击对野生细鳞裂腹鱼的非法捕捞行为。

细鳞裂腹鱼栖息繁殖生境

四 科普训练营

同学们，通过学习细鳞裂腹鱼的外形，你能分辨出下图中的两条鱼谁真谁假吗？请你找到真的那条细鳞裂腹鱼用线圈出来，然后发挥自己的想象，为它涂上你喜欢的颜色吧！

五 大家说

鱼知丙穴由来美，酒忆郫筒不用酤。

——［唐］杜甫

这句诗词出自唐代诗人杜甫的《将赴成都草堂途中有作先寄严郑公》，其意思为：我知道成都的丙穴鱼（细鳞裂腹鱼叫洋鱼，又叫丙穴鱼）历来被认为是最鲜美的，犹如记得郫（pí）筒的味道而不会再去喜欢一般的酒一样。此句诗词是本诗中的第三句，充分表现了诗人重返草堂的欢乐和对美好生活的憧憬。小朋友们，回忆一下你们的童年，是否也有类似开心快乐的事情，在某个不经意的瞬间想起来，不禁滋滋回味呢？快和自己的小伙伴们一起说一说吧！

注：郫筒，竹制盛酒具。郫人截大竹二尺以上，留一节为底，刻其外为花纹，或朱或黑或不漆，用以盛酒。

"其实无论我们谁真谁假都已经不重要，我们保护了这片水域，让长江里的生命自由生长，这就足够了！"这时，两条鱼相视一笑，从它们身旁掉落了一颗"善"字宝珠。

第七节

长江鳅王——长薄鳅

"池塘的水满了，雨也停了，田边的稀泥里到处是泥鳅……"湖小贝哼着一首动听的儿歌，高高兴兴地涂着鱼类色卡。

"湖小贝，河小宝，你们知道最大的鳅科鱼类是谁吗？"江百通提问。

"这我还真不知道。"湖小贝摇摇头。

"哈哈，是长薄鳅哦！正是你涂的这种鱼。"

"你们在不使用工具的情况下，有什么好办法能比较长薄鳅与其他鳅类体型的大小呢？"

让我们来了解一下长薄鳅是什么样的吧！

长薄鳅

鳅中"巨无霸"，被称为"长江鳅王"，只分布在中国，是国家二级重点保护野生动物（仅限野外种群）。让我们一起去认识这种巨大的鳅类吧！

一 长薄鳅的身体结构

1 体长和体重

长薄鳅属于沙鳅科薄鳅属鱼类，也俗称花鱼、火军、红沙鳅鲇等，曾是长江中上游重要的经济鱼类之一。

一般的鳅类体长只有几厘米至二十几厘米，体重也只有几克至几十克，但长薄鳅一般体重为1.0~1.5千克，最大个体体重可达3千克左右，最大个体体长可达0.5米，妥妥的鳅类"巨人"！长薄鳅是长江鳅科鱼类中生长最快、个体最大的鱼类之一。

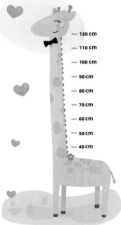

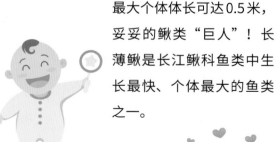

新生婴儿的平均身高标准为0.49米，平均体重标准为3.2千克

2 外形特征

长薄鳅的身体长长扁扁的，头侧扁，有点尖。口裂呈马蹄形的大嘴巴有着一对"迷人"的大嘴唇。它有 3 对须，吻须 2 对，口角须 1 对。长薄鳅虽然身体大，但眼睛却很小，眼的下缘有 1 根光滑的硬刺。它的鼻孔靠近眼睛，前鼻孔呈管状，后鼻孔较大，前后鼻孔之间存在 1 个分离的皮褶。

长薄鳅的背鳍位于身体的后半部分，尾鳍深叉状，鳞极细小。头部背面具有不规则的深褐色花纹，头部侧面及鳃盖部位为黄褐色。长薄鳅的身体呈浅灰褐色，腹部为淡黄褐色。身体侧面有 5~6 条马鞍形的垂直带纹，背鳍和尾鳍各具有 3~4 条褐色带纹，其余各鳍也都具有不同的花纹，是名副其实的"花鱼"。

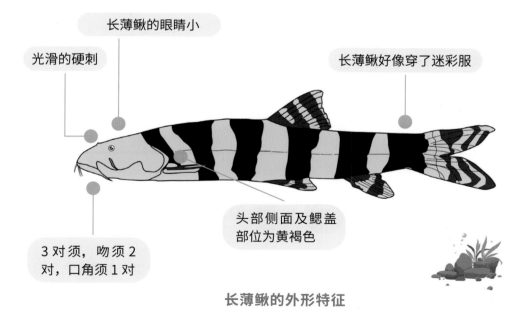

光滑的硬刺

长薄鳅的眼睛小

长薄鳅好像穿了迷彩服

头部侧面及鳃盖部位为黄褐色

3 对须，吻须 2 对，口角须 1 对

长薄鳅的外形特征

帮助长薄鳅找到特征。

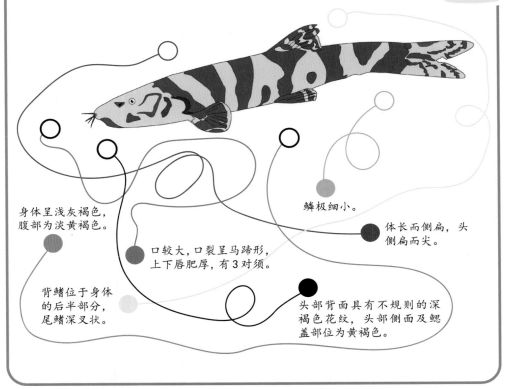

身体呈浅灰褐色，腹部为淡黄褐色。

鳞极细小。

口较大，口裂呈马蹄形，上下唇肥厚，有3对须。

体长而侧扁，头侧扁而尖。

背鳍位于身体的后半部分，尾鳍深叉状。

头部背面具有不规则的深褐色花纹，头部侧面及鳃盖部位为黄褐色。

二 长薄鳅的习性

1 食性

长薄鳅是一种凶猛性的底层鱼类，主要食物是小鱼，尤其是底层小型鱼类，如沙鳅、鉤类等，也摄食虾类、水生昆虫幼虫、鱼卵和浮游生物。

2 栖息生境

长薄鳅为我国特有种类，在湖南、湖北至四川西部的长江水域均有分布，喜欢生活于水流较急的河滩和溪涧。它们常群聚在水底砂砾间或岩石缝隙中，江河涨水时有溯水上游的习性。

长薄鳅的产卵季节一般为每年的 4—7 月，江河涨水时溯河洄游繁殖，产漂流性卵。产卵场主要分布在金沙江、雅砻江和岷江等支流。长薄鳅雌性个体一般较大，2 ～ 3 龄性成熟。

3 繁殖习性

想一想

问 谁是"长江鳅王"？

答 长薄鳅，因为长薄鳅比一般鳅类都要大。一般鳅类（比如泥鳅）只有几厘米，但长薄鳅可以长到 50 厘米，它生长迅速，性情凶猛，个体小的小鱼是它的主要食物。

长薄鳅

大鳞副泥鳅

三 长薄鳅的物种故事

长薄鳅是我国鳅科鱼类中个体最大的物种，曾是长江中上游重要的经济鱼类之一。长薄鳅营养价值高，富含蛋白质、脂肪和必需氨基酸，且有利尿、滋阴等药用功效。同时，长薄鳅身披多道花纹，体型非常漂亮，因此它还是一种观赏鱼类，曾在 1989 年获国际观赏鱼比赛金奖。

近年来，长江干支流的野生长薄鳅种群数量锐减。这一方面是生存环境的改变，使得长薄鳅的适宜栖息繁殖生境面积大大减少；另一方面是长江十年禁捕前长期的过度捕捞，使得长薄鳅的种群数量下降。

幸运的是，长薄鳅的人工繁殖技术已经成熟，可以进行人工种群的增殖放流，同时长江流域十年禁渔也为长薄鳅提供了休养生息的机会。希望这世界上最大的鳅科鱼类可以在长江中一直延续下去，续写"长江鳅王"的征程。

 **想一想**

问 长薄鳅曾是长江中上游的重要经济鱼类，具有食用和观赏双重价值，那现在长薄鳅还能捕捞和食用吗？

答 2021 年公布的《国家重点保护野生动物名录》中，长薄鳅是国家二级重点保护野生动物，但仅限野外种群。所以野外自然生长的长薄鳅不能捕捞和食用。但人工养殖的长薄鳅是可以捕捞和食用的。长薄鳅的人工繁殖技术已经成熟，有很多地方已经开展长薄鳅人工养殖工作。

四 科普训练营

制作动作卡牌，让小伙伴们来抽取，并做出卡牌上要求的动作。例如，当你抽到的卡牌是：

"长薄鳅有3对须"，请做出动作：用手摸摸自己的"胡须"三下。

"有着一对'迷人'的大嘴唇"，请作出动作：用手摸摸自己的嘴唇一下。

"长薄鳅眼睛很小"，请做出动作：眯眼睛5秒。

"长薄鳅身体比一般鳅类大，吃小鱼"，请给伙伴一个大大的拥抱。

……

小朋友们，请根据长薄鳅的身体特征，发明更多好玩的动作卡牌吧！

五 大家说

我们要像保护自己的眼睛一样保护生态环境，像对待生命一样对待生态环境，共筑生态文明之基，同走绿色发展之路！

——习近平

这段话出自 2019 年 4 月 28 日习近平主席在中国北京世界园艺博览会开幕式上的讲话。我们都知道要保护好我们的眼睛，在日常的生活中，用眼率占比达 90% 多。基本上任何行动和动作都会涉及用眼。眼睛之于人体观察器官重要地位不言而喻。地球生态环境就如同眼睛一样重要，没有优质的地球生态，就不会有如此丰富的生物多样性，眼睛受伤是不可逆转的，同样，破坏的生态环境也不能完全复原。因此，小朋友们，保护生态环境一定比治理生态环境更重要。

"我们可以用身体的一部分作为测量单位，比如大拇指到张开的中指（或小指）的距离为一拃 [zhǎ]，两臂分别向左右两端伸开的距离叫一庹 [tuǒ]。"说着，江百通用手比画比画。突然，桌上涂好颜色的长薄鳅图片发出耀眼的光芒，光芒汇集在一起变成了一颗"智"字宝珠。

第八节

淡水中的游泳健将——后背鲈鲤

　　湖小贝："你知道我国的自由泳世界纪录保持者都有谁吗？"

　　"潘展乐！张琳！"河小宝应声答道。

　　江百通："要知道，世界冠军不是天生的，需要日复一日的勤劳训练，才有今天的成就。"

　　河小宝："那长江中的'游泳冠军'是谁呢？"

　　湖小贝："当然是——后背鲈鲤啦！"

　　江百通："话又说回来，你知道后背鲈鲤为什么能成为'游泳健将'吗？"

后背鲈鲤

地方名叫花鱼，生长在澜沧江和怒江，因此，我们平常很难见到它们。现在，让我们一起去看看这个神秘的它们吧！

一 后背鲈鲤的身体结构

1 体长和体重

后背鲈鲤属于鲤科鲈鲤属鱼类，常见个体体长0.35米，常见个体体重为1~4千克，最大个体体重可达15千克。

常见个体体长0.35米

最大个体体重相当于3壶5千克的食用油

2 外形特征

后背鲈鲤的身体比较长，从侧面看较扁，身体两侧及头部均散布有许多黑色斑纹或斑点，背部青黑，肚皮灰白色。它嘴前有两对须，口角须稍长于吻须，后伸超过眼后缘。下颌稍突出，上、下颌内侧有细密的角质颗粒。鳞片很小，而且胸腹部及背部鳞片更小。背部的鱼鳍与其他鲈鲤相比，比较靠后，背鳍起点距尾鳍基小于或等于距眼后缘。胸鳍末端稍圆，远不达腹鳍起点。腹鳍起点在背鳍起点之前的下方，其末端至臀鳍起点的距离小于吻长。臀鳍后伸不达尾鳍基。尾鳍叉形，最长鳍条接近中央最短鳍条的 2 倍。

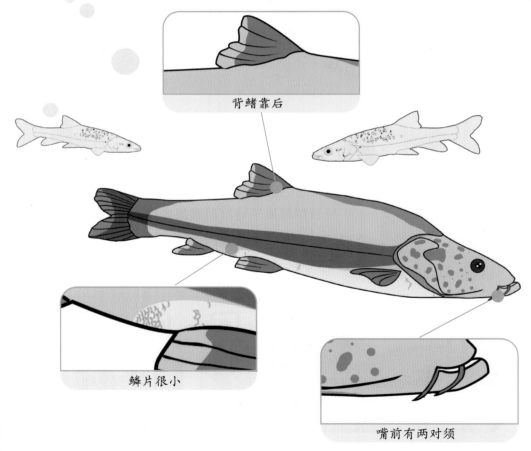

背鳍靠后

鳞片很小

嘴前有两对须

请同学们用简笔画的方式画出后背鲈鲤，标出它的身体特征。

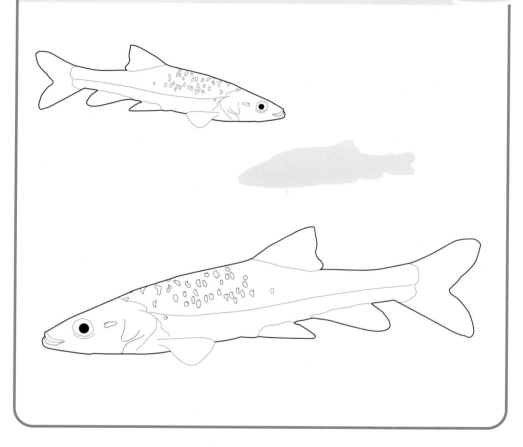

二 后背鲈鲤的习性

1 食性

后背鲈鲤是一位"游泳健将"，经常像一艘驱逐舰在水中游弋，追食小型鱼类，也经常吃甲壳类、昆虫及其幼虫。

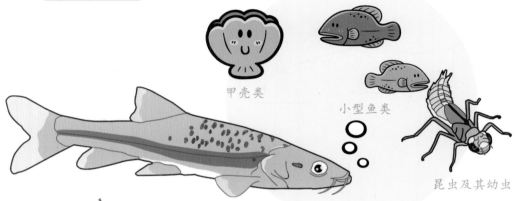

甲壳类

小型鱼类

昆虫及其幼虫

2 栖息生境

后背鲈鲤小时候经常生活在干流或支流的沿岸，长大以后就在比较宽敞水域水体的中上层游弋。

后背鲈鲤的繁殖季节为每年的 1 月下旬至 3 月下旬，适宜繁殖水温为 15~17℃。

3 繁殖习性

想一想

问 后背鲈鲤小时候为什么多在干流或支流的沿岸？

答 干流或支流的沿岸分布的大型鱼类数量较少，可以减小被捕食的概率，所以后背鲈鲤经常在干流或支流的沿岸觅食。

生物多样性——珍稀特有鱼类

三 后背鲈鲤的物种故事

从 2019 年开始，为了解决人工养殖条件下后背鲈鲤性腺难以发育成熟的技术难题，科学家们采用了投喂水蚯蚓、黄粉虫等鲜活饵料，以及产前调节养殖池水位、增大水流刺激、调整投喂策略等技术手段。

通过多次实验，到 2021 年 4 月上旬培育出了一批性腺发育成熟的亲鱼，从中挑选了性腺发育较好的 8 组亲鱼，开展了后背鲈鲤的人工催产与繁育工作。经过人工催产、授精、孵化等过程，8 组亲鱼共产卵 8 万余粒，出膜仔鱼 6.5 万余尾。

 问 为什么后背鲈鲤养殖需要人工催产、人工授精、孵化？

 答 这样可以提高后背鲈鲤的催产率（或产卵率）、受精卵数量和出苗率。

观察下面的几种鲈鲤的图片，看看哪条鱼是后背鲈鲤，并在正确图片下方的方框里打"√"。

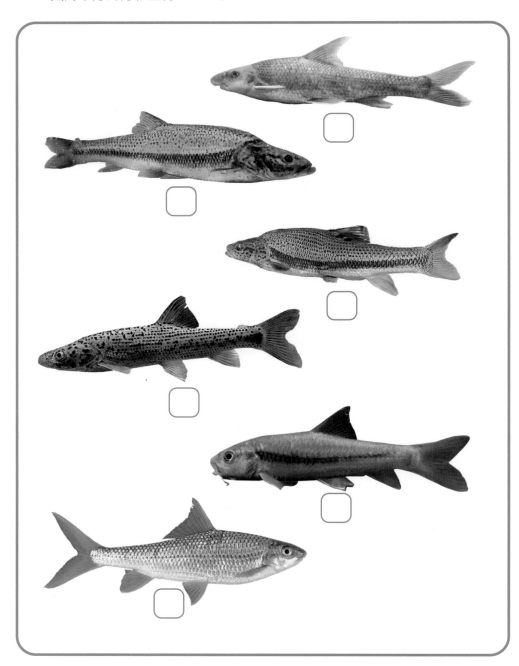

五 大家说

今天认识了后背鲈鲤，有没有和它相关的诗句？

直接描写后背鲈鲤的诗句没有，但它属于鲤鱼科，古代诗人写鲤鱼的诗词可多了，今天我就推荐两首唐代诗人写的诗。

远别离

［唐］张籍

莲叶团团杏花拆，长江鲤鱼鬐鬛赤。

念君少年弃亲戚，千里万里独为客。

谁言远别心不易，天星坠地能为石。

几时断得城南陌，勿使居人有行役。

水仙谣

［唐］温庭筠

水客夜骑红鲤鱼，赤鸾双鹤蓬瀛书。

轻尘不起雨新霁，万里孤光含碧虚。

露魄冠轻见云发，寒丝七炷香泉咽。

夜深天碧乱山姿，光碎平波满船月。

咦，好美的句子，我要多读几遍。

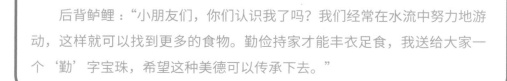

后背鲈鲤："小朋友们，你们认识我了吗？我们经常在水流中努力地游动，这样就可以找到更多的食物。勤俭持家才能丰衣足食，我送给大家一个'勤'字宝珠，希望这种美德可以传承下去。"

鱼大十八变——胭脂鱼

"河小宝，你听说过鱼大十八变吗？"

"鱼会变？不清楚，我只知道孙悟空会七十二变！"

"胭脂鱼小时候可是妥妥的鱼版'丑小鸭'，但随着它逐渐长大，身上的黑色条纹会慢慢变淡，体侧逐渐延伸成一条鲜红色条带，就像涂了胭脂一样美丽。"

胭脂鱼

栖息遍布在长江，其中上游数量最多，也生长于福建闽江。现在，让我们一起去看看美丽的它们吧！

一 胭脂鱼的身体结构

体长和体重

胭脂鱼属于胭脂鱼科胭脂鱼属鱼类，最大个体体长 1 米，成熟个体体重为 15~20 千克，最大体重可达 30 千克以上。

2 外形特征

胭脂鱼是生活在长江中的鱼美人,有着鲜艳美丽的颜色,扁扁的体型,头比较小,嘴唇发达,不中断,下唇尤宽且后缘有小穗状突起;后背上有一个高高的背鳍,像一个高高的风帆,而且胭脂鱼在生长过程中会呈现不同的样貌,会变得越来越漂亮。身体长度在 100 毫米以下的幼鱼全身微黑,体侧在腹鳍基前后各有一横斜红色宽纹。

背脊很发达

唇发达,不中断,下唇有小穗状突起

幼鱼时期的胭脂鱼

体侧在腹鳍基前后各有一横斜红色宽纹

体型稍大后，胭脂鱼身体上横纹会逐渐消失，这个时候的身体颜色以土黄色为主。 当身体长度达到 1 米后全身会变成粉红色、黄褐色或青紫色，特别美丽。

成鱼时期的胭脂鱼

二 胭脂鱼的习性

1 食性

从胭脂鱼向下的嘴可以看出此鱼为底食性鱼类，主要以底栖和水底泥渣中的有机物质为食，也吃一些高等植物碎屑和藻类。

胭脂鱼的幼、成鱼形态不同，生态习性也不相同。仔稚鱼和幼鱼的前期阶段常喜欢群集于水流较缓的砾石之间生活，多在水体上层活动，游动缓慢；稍大后则主要栖息在湖泊和江河的中下游，多在水体的中下层活动，这个时期的动作还是比较迟缓；成年后的胭脂鱼多生活于江河上游、水体的中下层，这时候的它们行动矫健。

2 栖息生境

3 繁殖习性

每年 2 月中旬（雨水节气前后），成年亲鱼开始上溯到长江干支流的产卵场中，产卵场主要分布在金沙江、岷江、嘉陵江等地。繁殖季节通常为 3 月上旬至 4 月下旬。繁殖水温为 14 ～ 22℃，以 18 ～ 22℃最佳。产卵期间，雌、雄鱼体都会出现明显的珠星和胭脂色。亲鱼产卵后仍在产卵场附近逗留，直到秋后退水时期，才回归到干流深水处越冬。刚出膜的仔鱼侧卧在水底，6 ～ 7 天会平游摄食。

  想一想

问 为什么胭脂鱼幼鱼阶段常喜欢群集于水流较缓的砾石之间生活？

答 因为砾石可以作为它们的避难所，保护它们不被捕食者捕获。

 填一填

成鱼胭脂鱼一般会在什么时间和地点出没，它喜欢吃什么食物，请你在下面的横线上填一填。

胭脂鱼的出没地点：

胭脂鱼的出没时间：

胭脂鱼喜欢吃的食物：

三 胭脂鱼的物种故事

胭脂鱼的祖先可以追溯到恐龙统治的中生代。胭脂鱼最早的祖先叫作原始骨鳔鱼。据研究，这种鱼在侏罗纪的晚期出现在南美洲。原始骨鳔鱼有两大类：一类是原始脂鲤类，另一类是蛤类，这两大类后来到达了非洲。随着地球不断运动，非洲和南美洲在白垩纪的中期开始分离，所以这两大洲的胭脂鱼家族只能各自独立地生存进化。

到了古新世中期，非洲大陆与欧亚大陆的欧洲和亚洲西部连接了起来，非洲的这一支胭脂鱼的祖先向着亚洲和欧洲进军。但受地质环境的改变以及第四纪冰期的影响，胭脂鱼地理分布范围逐渐缩小，开始逐渐消亡。到了中新世，一部分胭脂鱼在长江及闽江这些场所生活下来。另外一部分胭脂鱼在大约 5000 万年前就通过北美与亚洲连接的"陆桥"到了北美洲，北美洲良好的地理条件使得胭脂鱼类能够在那里很好地繁衍。到了中新世中期，它们散布到整个北美洲，逐渐演化成为一个庞大的家族。

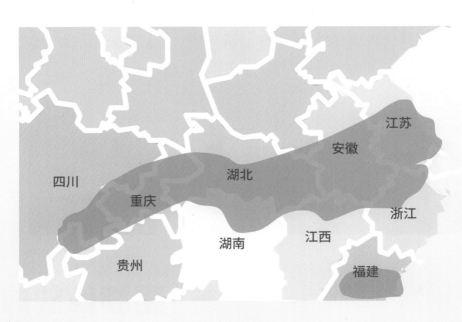

■ 胭脂鱼的分布

（引自《中国生物多样性红色名录：脊椎动物 第五卷 淡水鱼类》）

葛洲坝截流后，长江中下游亲鱼不能上溯至上游的沱江、岷江等支流中产卵，此外宜昌江段的某些产卵场的环境也遭到破坏。虽然坝下江段仍发现有繁殖的群体，但因亲鱼种群数量少及产卵场生境破坏，其种群数量仍较少，野生群体数量的下降趋势仍在继续。目前，胭脂鱼已被列为国家二级重点保护野生动物。

　　1994—1997 年，科学家们开展了胭脂鱼的繁殖和养殖技术实践，胭脂鱼人工繁育技术取得了突破。现在，该技术已成功应用在胭脂鱼人工增殖放流中，收效显著。

胭脂鱼放流

四 科普训练营

请同学们画线连一连，哪些是胭脂鱼的食物呢？

五 大家说

你知道吗？有一尾胭脂鱼引发了千古悬案。

真的？快说来听听。

是在诗经《周南·汝坟》中出现了一条颜色艳丽的胭脂鱼。而古往今来的诗评家们对诗人用胭脂鱼作比，究竟是什么用意，一直是众说纷纭。我们先一起看看这首诗：

周南·汝坟

遵彼汝坟，伐其条枚。未见君子，惄如调饥。
遵彼汝坟，伐其条肄。既见君子，不我遐弃。
鲂鱼赪尾，王室如毁。虽则如毁，父母孔迩。

我知道了，大家讨论的是"鲂鱼赪尾，王室如毁"这一句。

"鲂鱼赪尾，王室如毁"。其中的"鲂鱼"指的就是我们今天学习"胭脂鱼"。不过大家疑惑的是为什么要用胭脂鱼的红尾来比喻王室危机的十万火急呢？

这……我得好好想想。

江百通："聪明的小朋友们，你们知道古人为什么这样比喻吗？快去和爸爸妈妈一起讨论一下吧！"

"哦！原来胭脂鱼的成长过程中还有这样的变化。真是鱼大十八变，越变越好看！"河小宝说，"我也要变一变！"

胭脂鱼："你要变什么？"

"变美！"河小宝说完，真的变出一个"美"字宝珠。

第十节

鲤鱼中的贵族——岩原鲤

"喂，河小宝！"湖小贝拿着手机，"哼！你说过要给我看一种名贵鲤鱼——岩原鲤，这都快到傍晚了，怎么还没有到！"

"快到了，快到了！"电话那头传来河小宝气喘吁吁的声音，"再等我 10 分钟，就……就 10 分钟！"这个河小宝，害得岩原鲤也迟到了！

岩原鲤

外号为水子、黑鲤鱼、岩鲤、墨鲤，主要分布在金沙江中下游干支流，长江上游干支流江段，是我国特有物种。

一 岩原鲤的身体结构

体长和体重

岩原鲤属于鲤科原鲤属鱼类，生长速度较慢，一般生长 4 年体重达 0.5 千克左右；长到 10 岁，体长可达 0.59 米左右，对应的体重 4 千克左右；常见个体体重为 0.2~1.0 千克，据记载最大个体体重可达 10.0 千克。

走过路过不要错过！快来瞧瞧，哪位小朋友能借助我们现有的工具，判断一下这条岩原鲤大概有多长？

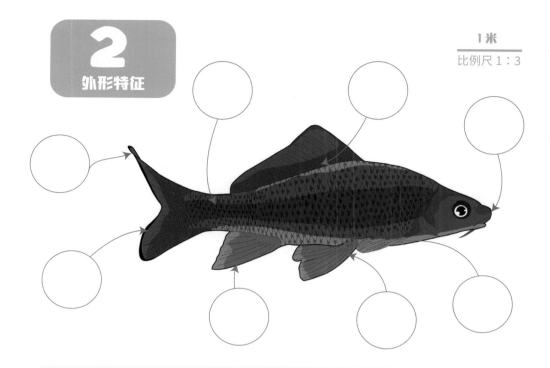

2 外形特征

1米
比例尺 1：3

小朋友们学习了岩原鲤的外形特征，将下面对应的数字填入上图圆圈内。

1 体侧扁，呈菱形，背部隆起呈弧形，腹部圆。

2 头小，呈圆锥形，吻稍尖，吻长小于眼后头长。

3 口亚下位，呈马蹄形。

4 唇厚，200毫米以上个体唇部小，乳突明显，幼小个体不明显。

5 两对须，一对口角须，一对吻须。口角须比吻须略长。

6 胸鳍尖形，末端一般可达腹鳍起点。

7 尾鳍后缘有一条黑色的边缘。

8 每个鳞片的基部有一片黑斑。

比比看

问 请你结合所学知识，注意观察菜市场所见到的鲤鱼，将这些鲤鱼和岩原鲤进行对比，简要描述它们有哪些不同之处。

答 一般的鲤鱼通常具有圆润的体型，身体呈卵形或椭圆形。与此不同，岩原鲤的体型较为扁平，特别是其头部和腹部，更加扁平。这使得岩原鲤看起来更加宽阔，与一般鲤鱼的形态有明显不同。一般的鲤鱼在颜色上可能有多种变种，而岩原鲤的外观通常比较单一，一般鲤鱼的颜色可以包括金黄色、银灰色和黑色等，而岩原鲤通常呈现金黄色或银灰色，没有其他多样的颜色变化。

二 岩原鲤的习性

1 食性

岩原鲤摄食的对象为底栖生物、水蚯蚓、摇蚊幼虫、蜉蝣目和毛翅目幼虫、小螺、小鱼虾、淡水壳菜等软体动物、寡毛类、浮游动物，以及腐烂的高等植物碎片等。

昆虫及其幼虫

淡水壳菜

水蚯蚓

腐烂的高等植物碎片

小鱼虾

2 栖息生境

岩原鲤属于广温性鱼类，生活的水温范围为 2～36℃，最适宜摄食生长水温为 18～30℃。

岩原鲤大多栖息在江河水流较缓、底质多岩石的水体底层，经常出没于岩石缝隙之间，冬季在河床的岩穴或深沱中越冬，立春后开始溯水上游到各支流产卵。

岩原鲤出没在急滩、底质为砾石的流水中

 问 为什么岩原鲤要在河床的岩穴或深沱中越冬？

 答 人到了冬天都知道要多穿点衣服，岩原鲤没有衣服加，只能寻找相对暖和、适合其生存的地方。恰巧，河床的岩穴或深沱，在冬天水温比浅水区要高一些，适合岩原鲤生活。

岩原鲤最适合生长的水温，是什么样的？大家可以找个温度计测试下对应的水温，并将手放进去感受一下，记录一下你的感受。

每年立春后，岩原鲤开始溯水上游到各支流产卵，一般 4 龄以上的岩原鲤才会产卵，产卵期一般在 3—5 月，8—10 月也有，其中 3—4 月为产卵盛期。产卵场一般分布在底质为砾石的流水浅滩中。岩原鲤卵呈淡黄色，产出后黏附在石块上发育。

3 繁殖习性

岩原鲤出没于岩石缝隙之间产卵

岩原鲤产卵的河床岩穴或深沱

三 岩原鲤的物种故事

说起岩原鲤，它是鲤鱼中的"贵族"，其貌不扬却身价极高。它肉质细嫩、味道鲜美，含有丰富的蛋白质、钙、磷、铁等，可与石斑鱼媲美。但是过度捕捞、栖息地减少及天然繁殖率低，导致物种资源日益减少，其野生种被列为国家二级保护动物。1999 年，我国第一次成功人工养殖岩原鲤后，长江上游地区的一些省份也相继进行了人工养殖。

自 2011 年以来，科学家们开展了岩原鲤等长江上游特有鱼类的生物学、种群动态及遗传多样性研究，分析了这些鱼类野外种群的变化趋势及其影响因素，提出了保护这些鱼类的对策，建议通过人工增殖放流、过鱼设施修建、栖息地保护与修复等措施，保护其自然资源。

 为什么岩原鲤的卵产出后黏附在石块上发育？

 鱼卵黏附在石块上，容易从流动的河水中获取充足的氧气，从而有利于其孵化。

请根据下面岩原鲤的轮廓图，手绘一条完整的岩原鲤，标注其主要身体部位，完善部位特征，生成一份自然笔记。有兴趣的同学，还可以将岩原鲤的生活环境一并绘制哦！

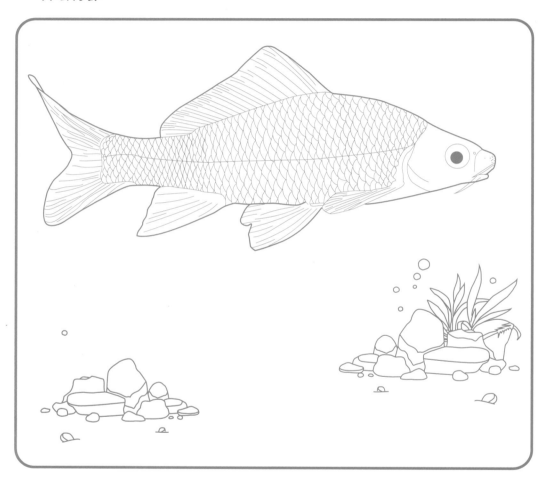

保护珍稀鱼类，人人有责。我们可以在老师或家长的带领下，走进珍稀鱼类的相关保护基地，用相机记录真实的珍稀鱼类，聆听技术员的讲解，记录那些关于岩原鲤的趣闻。我们也可以采用云参观的方式，走近珍稀鱼类。

六　大家说

岩原鲤在亚洲地区已有数千年的养殖历史，是一种亚洲常见的观赏鱼。以下是一些有趣的岩原鲤的趣闻和历史典故：

1. 中国古代传说中的"耐寒神鱼"。在中国古代的传说中，岩原鲤被描述为一种能够耐受极寒温度的神秘鱼类。据说它们可以在冰冷的水中生存，甚至在冰封的湖泊中游动。这个传说使得岩原鲤被视为坚韧不屈和顽强的象征，更增加了其观赏价值。

2. 金鱼的祖先之一。岩原鲤与金鱼是同一种鱼的不同变种。在中国，岩原鲤被视为金鱼的祖先之一。通过选择与繁殖，岩原鲤的变种逐渐出现了金鱼的独特颜色和形状。

3. 岩原鲤的伴侣鱼。岩原鲤也可以成为其他鱼类的伴侣，特别是在观赏鱼缸中。其相对温和的性格和较强的环境适应能力，使它们成为和平共处的好伙伴。

4. 岩原鲤在文化艺术中的地位。岩原鲤在东亚的文化艺术中被广泛描绘和赞美。在中国和日本的绘画、诗词和艺术中，岩原鲤被描绘为富有美感和优雅的动物。它们的形象被用来象征幸福、财富和长寿。

信

岩原鲤："我终于到了！河小宝，说到的事情就要做到，毕竟，为人处世，诚信为本，你们可要牢记心中呀！"一颗"信"字宝珠在岩原鲤身边闪现。

形如水中墨画——乌原鲤

"好饿啊！"河小宝和湖小贝一脸无精打采的样子，肚子咕咕地叫，"好想吃汉堡、炸鸡、火锅……都想吃，都想吃！"

江百通："好好，都吃，都吃，但是在吃之前，你们先回答我一个问题，乌原鲤有哪些特点，最喜欢吃什么？"

乌原鲤

俗称乌鲤、墨鲤、乌鲫、乌钩、黑鲤，分布于西江水系干支流，是国家二级重点保护野生动物。接下来，让我们一起去看看这种濒危的鱼类，一起做好保护珍稀鱼类的相关科普宣传工作吧！

一　乌原鲤的身体结构

1 体长和体重

乌原鲤属于鲤科原鲤属鱼类，体型比较小，是江河中下层鱼类，多栖息于流水深处，躲在水中的岩石夹缝中，也能生活于流速较缓慢的水体底部。个体体重一般为 0.5~1 千克，最大个体体重可达 7 千克。

2 外形特征

如下图所示，乌原鲤体长，侧扁，略显菱形，背部隆起，腹部圆而平直。头近圆锥形，头背面仅鼻孔处稍凹。吻部圆钝，吻长大于或等于眼后头长。口端位，呈半月形；唇很厚，上、下唇均具细小乳突。须两对，较长。眼大，侧上位，眼间距大于眼径。背鳍与臀鳍均具强壮的硬刺，其后缘呈锯齿形。背鳍外缘内凹，基底长。胸鳍较长，末端达到或超过腹鳍起点。头部和体背部暗黑色，腹部银白；每个鳞片的前部有一黑点，连成体侧明显的纵纹；各鳍为深黑色。

比一比

乌原鲤与岩原鲤在外形特征上，有很多不同，请大家仔细对比，把它们的区别之处找出来，并填入下方的表格中。

身体部位	乌原鲤	岩原鲤
体色	乌原鲤的体色通常为黑褐色或暗褐色	岩原鲤的体色通常为金黄色或银灰色
体型	体侧呈较为扁平和圆润的形状	体侧相对较为扁平而宽阔
口		
吻		
尾		
胸鳍		

二 乌原鲤的习性

1 食性

乌原鲤食性杂，常以口向水底岩石表面吸食底栖动植物。食物以小型的螺类、蚌类、蚬类为主，也捕食少量水生昆虫的幼虫、水蚯蚓和藻类。

钉螺

河蚬

无齿蚌

金鱼藻

2 栖息生境

乌原鲤通常生活在浅水区域，喜欢栖息在水草丛、岸边石堆等地方。同时，乌原鲤也需要充足的氧气供应，因此它们选择生活在水质清澈、富含氧气的环境中。此外，由于乌原鲤是群居动物，因此它们还需要有足够的空间和食物来源来维持一个稳定健康的种群。

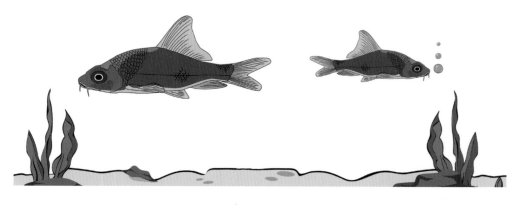

3 繁殖习性

乌原鲤为一次性产卵型鱼类，一般生长4年后性成熟，产卵期在每年2—4月。成熟的卵子呈黄色，卵径1.68~1.98毫米，形态相近，具有一定的黏性。

亲鱼挑选

受精卵

问 乌原鲤人工繁殖需要注意什么呢？

答 乌原鲤为一次性产卵型鱼类，一旦错过时节，卵巢将退化，只能等到来年才能再次发育成熟。因此人工繁殖要抓住每年3月前后的繁殖期，要遵循乌原鲤性腺发育需要的营养、水温、光照、水流、溶解氧和水质等生态条件，充分利用其繁殖习性。

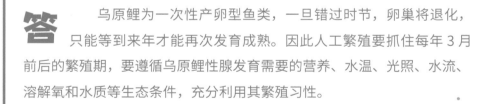

三 乌原鲤的物种故事

乌原鲤是一种非常古老的淡水鱼类。据传说，乌原鲤最早是在南方的乌江中被发现的。它身体修长、头部扁平，背部有黑色斑点，因此得名"乌原鲤"。据说乌原鲤能够在夜间发出微弱的光芒，这是因为它们身上有一种叫作"乌原鲤蛋白"的物质。此外，乌原鲤喜欢在浅水区觅食，而且非常聪明，可以轻松识别人类的动作和声音。随着城市化进程加快、人口增多等因素的干扰，野生乌原鲤的数量开始减少，已呈濒危状态。为了保护这一物种，政府推行乌原鲤保护计划，制定相关法规保护其数量，不少乌原鲤爱好者参与其中。如今，乌原鲤已经成为一个重要的文化和生态符号。许多文艺作品如音乐、电影等都把乌原鲤作为素材或主题，以传达保护自然、珍惜生命的理念。

问 乌原鲤被列入了《国家重点保护野生动物名录》，目前是国家二级重点保护鱼类，那么乌原鲤是如何成为易危物种的呢？

答 江河干支流坝闸的建设，不仅破坏了乌原鲤的产卵栖息生境，而且阻碍了其产卵洄游的通道，影响了它们的产卵。同时，工业污染排放引起的水质恶化，再加上捕捞过度等因素，使其资源量下降。

🔲 科普训练营

　　鱼道是供鱼类洄游通过水闸或坝的人工水槽，鱼道的设计主要考虑鱼类的上溯习性。在闸坝的下游，鱼类常依靠水流的吸引进入鱼道。鱼类在鱼道中靠自身力量克服流速溯游至上游。鱼道由进口、槽身、出口和诱鱼补水系统组成。进口多布置在水流平稳且有一定水深的岸边，或电站、溢流坝出口附近。常用的槽身横断面为矩形，用隔板将水槽上、下游的水位差分隔成若干个小的梯级，板上设有过鱼孔，利用水垫、沿程摩阻、水流对冲和扩散来消除多余能量。由于孔形不同，又可分为堰式、淹没孔口式、竖缝式和组合式等。

请同学们在网上搜索鱼道的相关知识，为乌原鲤设计一款适用的鱼道模型。

需要用到的材料和工具	
我们的设计方案	
设计中存在的问题	
我们的解决方案	

"每日当思食之不易，你看，乌原鲤的食性广，却也过着俭朴的生活！"江百通合上书说。

这时乌原鲤含着一颗"俭"字宝珠游了过来。

第十二节

淡水鱼类小霸王——单纹似鱍

"这个地方怎么这么安静，看不到其他的小鱼小虾？"
河小宝疑惑地说，"不是在这片水域生活着许多鱼儿吗？"

湖小贝："我也觉得奇怪。"

突然一条黑影掠过水底……

河小宝："快看，就是它，把这片水域的小鱼、小虾都给吃掉了！"

单纹似鱤

不在长江住，分布于西江、南盘江水系，已被列入《国家重点保护野生动物名录》，为国家二级保护野生动物，让我们一起去看看这种珍贵的鱼类吧！

一 单纹似鱤的身体结构

1 体长和体重

单纹似鱤 [gǎn] 属于鲃亚科似鱤属鱼类，生活在大江河和湖泊开阔水域的中上层，体长可超过 1 米，最大个体体重可达 20 千克，单纹似鱤善泳，也喜欢栖息在底质多岩石的场所。

2 外形特征

单纹似鱤体长形似鳡，呈圆棒状，背鳍后稍侧扁，腹圆无棱。头较长，其头长大于头高，吻尖，呈圆锥状，无须。眼大，眼间宽平。鳃孔大，侧线鳞多。背、腹鳍起点相对，背鳍无硬刺。下咽齿总数为 8 枚。体背侧青灰色带暗红，沿体中轴 3~4 行纵行鳞片具黑条纹，后段色深，腹膜灰黑色。鲜活时背部青灰略带暗红，腹部银白，体侧银灰略带黄色，自鳃孔至尾鳍基有一粗黑纵条纹，近尾部色更深，尾柄背侧鲜红。

单纹似鱤

鳡

连连看

下图是单纹似鱤的外形图，请同学们以连线的方式，将其主要特征对号入座。

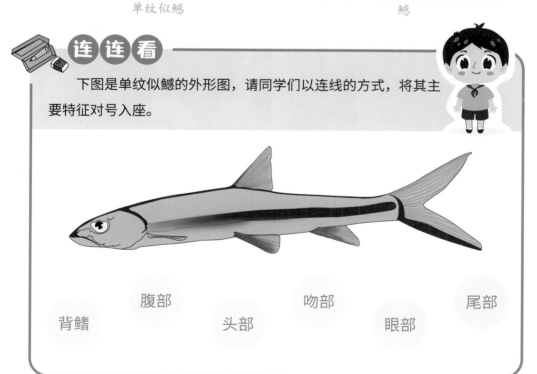

腹部　　　吻部　　　尾部

背鳍　　　头部　　　眼部

二 单纹似鳡的习性

1 食性

单纹似鳡主要以小型水生动植物为食，如浮游生物、小型甲壳类、蜗牛、小型鱼类等，因此它们在水中游动时会表现出很强的敏捷性和灵活度。此外，单纹似鳡还会用肥厚的嘴唇吸取水生植物上的营养物质。

河蚬

田螺

2 栖息生境

单纹似鳡生活在江河和湖泊的开阔水域，为中上层凶猛掠食性鱼类，善泳。亦喜栖息在底质多岩石的场所。幼鱼无明显的集群现象，栖息在河湾缓流或静水中。每年涨水逆江而上，退水顺江而下。生活在湖泊中的种群，无明显的洄游规律。

3 繁殖习性

单纹似鳡是一种卵生型鱼类，其繁殖季节一般在春季或夏季。在此期间，雄性单纹似鳡会寻找适合产卵的地方，比如水草丛、沙砾底等，向雌性单纹似鳡发出求偶声响和展示行为。雌性单纹似鳡受到雄性的吸引后，会将卵子产在适当的场所。单纹似鳡的卵子较小而透明，通常直径约为 1 毫米。在温度适宜的情况下，经过 4~5 天的时间后，卵子便可以孵化出小型的幼仔。仔幼鱼期间，它们需要寻找足够的食物来满足自身需求，容易受到其他水生动物的袭击。因此，在人工养殖单纹似鳡时，需要给予足够的保护和营养支持。

想一想

问 单纹似鳡为什么每年涨水逆江而上，退水顺江而下？

答 单纹似鳡产卵需有流水条件，多在流水沙滩处繁殖，所以每年涨水逆江而上去繁殖，又因生长需要充足食物，中下游和湖泊食物充足，可以满足生长需求，故而退水顺江而下。

三 单纹似鱤的物种故事

单纹似鱤为凶猛的肉食性鱼类，个体大且生长快，肉多而细嫩，肉味鲜美，过去属于经济鱼类，是产地的主要捕捞对象。近年来由于酷渔滥捕，包括电、毒、炸等违法捕鱼方法，加之江河上游兴建水利，拦河建坝，阻碍了它们的洄游通道。此外，围湖造田、农田抽水灌溉，导致栖息环境发生改变，这些都导致单纹似鱤资源量急剧下降，成为易危物种。

问 如何保护单纹似鱤？

答 设立专门的保护区域，限制捕捞和生产活动；加强对单纹似鱤数量、分布、栖息环境等方面的监测和研究，了解其生态习性和洄游规律等信息，制定更为科学的保护措施；采取人工养殖、改善栖息环境，能在一定程度上缓解资源枯竭问题，并促进其种群的恢复和增长。

生物多样性——珍稀特有鱼类

四 科普训练营

小组合作,编写并演绎科普剧《保护珍稀鱼类 我们刻不容缓》。

评价量表

项目	评价角度	评价标准
《保护珍稀鱼类 我们刻不容缓》	主题鲜明	围绕如何保护珍稀鱼类这一核心问题（0～4分）
	科学性	内容符合科学性（0～3分）
	戏剧冲突	台词清晰、表演生动、有趣味性（0～3分）

温馨提示：每个小组演绎时间为 5 分钟，每个小组的表演应突出科学性，并有一定的事实依据，能适当加入戏剧冲突，凸显环境保护的重要性。

单纹似鳡："呜呜呜，其实我也想和其他的小鱼、小虾做朋友，但是我不吃它们，我就没办法活下去……好难过。"

"别难过了，每个物种都有它的特点，我们不会讨厌你的，我们尊重每一个物种的差异。"湖小贝安慰它。

这时，一群小鱼拥着一颗"和"字宝珠游了过来。

第十三节

淡水中的巨无霸——巨𩾃

"湖小贝，你听说过水怪的故事吗？在一个漆黑的风雨交加的夜晚……"

"别讲了，别讲了……"

河小宝哈哈大笑，"别怕，有我在！那我直接给你略过啦！最后村民们吊起了这个水怪，原来是一条大大的巨无霸——巨𩾃[pi]！"

"小朋友们，其实有些事物并不可怕！"河小宝说，"对于自己害怕的事物，我们可以试着慢慢地去了解它、认识它，或许我们就不会害怕它们了。"

巨魾

外号有老鹰坦克、坦克鸭嘴、老鹰鸭嘴、木瓜鱼，生长在澜沧江及下游的湄公河、印度的恒河等流域，体型大，外貌奇特，也可作为观赏鱼。

一 巨魾的身体结构

1 体长和体重

巨魾属于鮡 [zhào] 科魾属，是鱼类中体型比较大的鱼，最大个体体长可以达到 2 米，最大个体体重超过 50 千克。

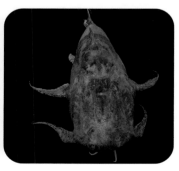

巨鳠是真正的大型鱼类，身体较长，背鳍以后暗呈圆筒形。它的头比较宽，向前逐渐变扁。胸鳍水平展开，尾鳍深分叉，上、下叶末端延长成丝。

它的全身为灰黄色，在背鳍后方、脂鳍基下方、尾鳍前上方各有一灰黑色鞍状斑，在背鳍和臀鳍中部各有一黑带，有时躯体背部和两侧散着黑色斑点。

巨鳠的口须基部扁平，质感也颇强韧，向外扩出一个半弧，好似嘴唇边上延伸出的两把镰刀。也正是这个威风的头颅与口须，使它被认定为鲇鱼家族中勇猛激进的"鹰派"，从而得到"老鹰鸭嘴"这个名字。

镰刀状口须

灰黑色鞍状斑

胸鳍水平展开

二 巨鲔的习性

巨鲔是凶猛的肉食性掠食鱼类，满口尖牙，主要以小鱼为食物，小鱼一旦被它咬住就无法逃脱，它也以甲壳动物、底栖软体动物、动物尸体和水生昆虫等为食物。

甲壳动物

小鱼

底栖软体动物

水生昆虫

巨鲔是暖水性鱼类，适宜生长水温 22~26℃，栖息于主河道，常伏卧流水滩，有洄游习性，但洄游途径不知。

想一想

问 为什么巨鲔头部扁平，胸鳍水平展开？

答 巨鲔栖息于河流底层，迟钝少动，平时多静伏于水底，等食物到附近才捕食。头部扁平，胸鳍水平展开更利于捕食。

繁殖习性

巨魾是卵生型鱼类，6~8 龄可达性成熟，产卵期集中在 4—5 月，雌鱼一年产卵一次，卵在体外受精，20~30 小时孵化。

三 巨鲶的物种故事

巨鲶平时趴伏于江底，闭上嘴巴一副人畜无害的表情，如果没人招惹它也不会有什么过激行为。但你千万不要被表象欺骗。它是夜行动物，是真正的暗夜杀手。

巨鲶个体比较大，喜欢待在急流的生活环境，而且人工养殖条件与原天然生境差异较大，人工繁殖的难度比较大，驯养的难度也比较大。现在科学家已掌握了巨鲶亲鱼的收集、驯养和人工繁育技术，通过在池底铺设卵石、水车式增氧造流、加强日常管理和定期消毒等方式，亲鱼驯养成活率达到了 80%。

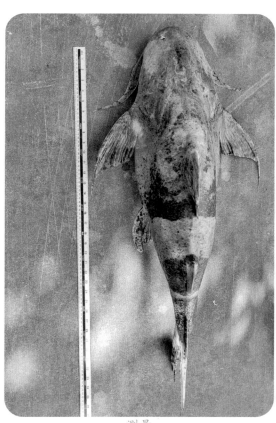

测量

体检

人工挤卵

问 世界上最大的淡水鱼是巨鲶吗？为什么？

答 根据吉尼斯世界纪录，目前世界上最大的淡水鱼种就是巨鲶，是一种体长最长可达 2 米之长的大型肉食性淡水鱼种。

四 科普训练营

巨鲶很想改变自己在人们心目中的凶猛形象，你能帮助它设计一个可爱的卡通形象吗？

小贴士 设计卡通形象可以按照以下步骤进行：

1. 确定形象特点。首先要确定卡通形象的特点，还要考虑其体格、外貌特征和风格等。

2. 描绘草图。根据确定的特点，进行素描草图的设计。

3. 细化轮廓。在草图的基础上，细化形象的轮廓和线条。

4. 添加颜色。选择适合形象的颜色方案。

5. 表情和动作。给卡通形象设计不同的表情和动作，以增加其生动性和表现力。

6. 添加细节。在形象设计的基础上，添加一些细节来增加其个性和特色。可以考虑添加服装、配饰或其他细节，以突出形象的特点和故事。

生物多样性——珍稀特有鱼类

将你设计的卡通形象画在下面吧！

你说巨魟有没有被当作鱼怪记录在《山海经》中呢？

我看看，资料里说《山海经》里记载了 50 多种鱼类，比较奇特的鱼有以下几种。

陵 [líng] 鱼：一种长得像美人鱼的怪鱼，有人类的双足双脚，只有身体像鱼类，可以在水中和在岸上长期生活。

鲲 [kūn] 鱼：被描述为身长数千里的巨大鱼类，可以变化成巨大的鸟，飞翔于天空之中。

蠃 [luǒ] 鱼：一种长着鱼身，却有鸟翅膀的异兽，能发出像鸳鸯一样的鸟叫，它出现的地方会有水灾。

何罗鱼：长着一个头，十个身体，能发出狗叫声，还能治愈怪病。

赤鱬 [rú] 鱼：长着人的头，鱼的身体。

螭 [chī] 鱼：被形容为龙头鱼身的神奇生物，能够吞食大山。

哈哈鱼：形似鲤鱼，却长着 6 条腿和鸟一样的尾巴，能够在陆地上行走，它的叫声就是"哈哈"。

车水鱼：形状像车，能够在水中游动。

狴 [bì] 鱼：形状像虎，有狮子头，能够吐火。

这么多啊，说不定巨魟就被记录了，我们好好地研究一下《山海经》吧！

勇

巨魟："小朋友们，你画出我们巨魟的卡通形象了吗？你可真勇敢！居然不怕我这样的'水怪'！完成的小朋友可以得到一颗'勇'字宝珠，希望你们勇气十足！"

　　"认识了那么多好朋友，它们送给我们这么多宝珠，也不知道有没有凑齐十三颗呢？"湖小贝说，"一、二、三……十一、十二、十三，正好十三颗！"

　　这十三颗宝珠分别写着：**仁、孝、真、义、礼、善、智、勤、美、信、俭、和、勇。**

　　"它们象征着十三种美好的品质，这也正是我们恢复长江生态环境的精神力量啊。"江百通说，"要想更好地拯救长江生态，我们必须要让十三颗宝珠融为一体。"

　　河小宝正数着这些宝珠。

　　突然，"嗖嗖嗖"，它们腾空而起，在空中盘旋，渐而融为一体，形成了散发着十三种彩色光芒的江之魄大明珠。

　　"我们终于合成了江之魄明珠，长江生态恢复有希望了。不过，我们还需要一个长江生态使者，带领我们一起拯救长江生态！"湖小贝说，"我觉得长江鱼王——中华鲟最合适了！"

　　"我赞成，我赞成！"十二种鱼大声欢呼着。

　　江百通："那我就当仁不让了！感谢大家！小朋友们，让我们和江之魄明珠一起**保护长江生态环境，一起走向生态文明吧！**"

第四章

长江大保护 生态共和谐

　　大江东流，奔腾不息。长江是世界第三长河、我国第一大河，发源于青藏高原，从唐古拉山倾泻而下，其人口规模和经济总量占据全国"半壁江山"。在祖国的辽阔版图上，干支流覆盖 19 个省级行政区，犹如一条舞动的巨龙，一路向东、奔流入海，是中华民族生生不息、薪火相传的历史见证者。

　　江河是人类文明的摇篮。长江流域作为中华文明的重要发祥地，自古以来，以得天独厚的自然条件、文化优势，镌刻着中国数千年文明。它温暖湿润，形成了稻作农业技术和良渚文化；它江水丰沛，造就了古今大型典范水利工程；它径流广远，支撑起现代航运业和两岸经济带发展。

　　长江是中华民族的母亲河。她从涓涓细流到壮阔奔涌，造就了从巴山蜀水到江南水乡的千年文脉，滋养了中华民族的精神家园。"我住长江头，君住长江尾。日日思君不见君，共饮长江水"是悠悠长江散发的浪漫；"大江东去，浪淘尽，千古风流人物"是滚滚长江对历史兴衰的沉思；"钟山风雨起苍黄，百万雄师过大江"是壮阔长江承载着老一辈革命家的豪迈与自信……

　　江水不止，川流不息。长江是自然与历史的馈赠，长江之富，富在生态；长江之美，美在文化。长江庞大的河湖水系，形成了独立的自然生态系统，

不仅为人类的生产、生活提供多种资源，具有巨大的环境功能和效益，而且孕育出璀璨的中华文明，在经济社会发展中发挥了重要作用。长江流域山水林田湖草浑然一体，珍稀濒危野生动植物集中分布，大量迁徙鸟类在中下游湿地越冬，是我国重要的生物基因宝库，是守护生态安全的重要屏障。

习近平总书记在全面推动长江经济带发展座谈会上指出，要把长江文化保护好、传承好、弘扬好，延续历史文脉，坚定文化自信。护好一江清水、两岸青山，永葆母亲河的生机活力，维持长江生态健康，筑牢国家生态安全屏障，是推进长江流域开启绿色高质量发展新征程的现实课题。近年来，长江流域各地协同发力，修复长江生态环境，深入践行"共抓大保护，不搞大开发"。今天的长江发生了历史性、根本性的变化，江水粼粼，江豚嬉戏，处处散发着盎然生机。

保护长江是永恒的事业。作为母亲河的儿女，我们要将保护长江的使命一代一代传承下去。少年是祖国的未来，是保护美丽长江福泽永续的希望。让我们携起手来，共同努力，树立长江大保护意识，学习科学文化知识，争当保护长江的宣导者、践行者和捍卫者，为守护安澜、绿色、美丽、和谐的母亲河贡献智慧和力量吧！

附录一

一 鱼类名词解释

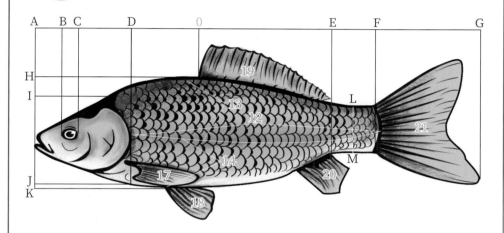

1 **A-G 全长**：个体的总长度，即由吻端到尾鳍末端的水平距离。

2 **A-F 体长**：从吻端到尾柄的最后一个鳞片的距离。

3 **A-D 头长**：从吻端到鳃盖骨后缘的距离。

4 **A-B 吻长**：眼眶前缘到吻端的距离。

5 **B-C 眼径**：眼眶前缘到后缘的距离。

6 **C-D 眼后头长**：眼以后的头部长度，即由眼后缘至鳃盖骨后缘的水平距离。

7 **H-K 体高**：身体的最大高度。

8 **E-F 尾柄长**：从臀鳍基部后端到尾鳍基部垂直线的距离。

9 **L-M 尾柄高**：尾柄部分最低的高度。

10 **背鳍基长**：从背鳍起点到背鳍基部末端的距离。

11 **臀鳍基长**：从臀鳍起点到臀鳍基部末端的距离。

12 **侧线鳞数**：沿侧线的鳞片数目，一般从鳃孔上角的鳞片起一直数到尾鳍基部最末一片鳞为止。

13 **侧线上鳞**：位于背鳍基部起点到侧线鳞之间的斜行鳞片。

14 **侧线下鳞**：侧线鳞到腹部正中线上或腹鳍起点处的斜行鳞片。

15 **H-O背前距**：从吻端到背鳍起点的垂直距离。

16 **O-F背后距**：从背鳍起点到尾柄最后一个鳞片的垂直距离。

17 **胸鳍**：相当于高等脊椎动物的前肢，位于左、右鳃孔的后侧。主要功能是使身体前进和控制方向或行进中刹车。

18 **腹鳍**：相当于陆生动物的后肢，具有协助背鳍、臀鳍维持鱼体平衡和辅助鱼体升降拐弯的作用。

19 **背鳍**：鱼背部的鳍。沿水生脊椎动物的背中线而生长的正中鳍，为生长在背部的鳍条所支持的构造，主要对鱼体起平衡的作用。

20 **臀鳍**：位于鱼体的腹部中线、肛门后方。其形态与功能大体上与背鳍相似，基本功能是维持身体平衡，防止倾斜摇摆，还可以协调游泳。

21 **尾鳍**：鱼类正中鳍的一种，位于尾端。既能使身体保持稳定，把握运动方向，又能产生前进的推动力。

二　鱼的体型

　　鱼类在演化发展的过程中，由于生活方式和生活环境的差异，形成了多种与之相适应的体型，大致有以下 4 种体型：

1　纺锤型

　　也称基本型（流线型），是一般鱼类的体型，适于在水中游泳，整个身体呈纺锤形而稍扁。这类鱼中，全长最长，体高次之，体宽最短，使整个身体呈流线型或稍侧扁，大部分行动迅速，最常见的如鳡、青鱼、草鱼等。

2　侧扁型

　　鱼体较短，两侧很扁而背腹轴高，侧视略呈菱形。这种体型的鱼类，通常适于在较平静或缓流的水体中活动，如后背鲈鲤、胭脂鱼、鳊、团头鲂等。

3　平扁型

　　这类鱼的三个体轴中，左、右轴特别长，背腹轴很短，使体型呈上、下扁平，行动迟缓，不如前两种体型灵活，多营底栖生活，如巨魟、爬岩鳅等、平鳍鳅。它们大部分栖息于水底，运动较迟缓。

4　棍棒型（圆筒型）

　　这类鱼体型呈棍棒状，特征为头尾轴特别长，而左、右轴和腹轴长几乎相等，且很短。该体型鱼类有黄鳝、鳗鲡、海鳝等。此种体型鱼类适于穴居，善于钻泥或穿绕水底礁石岩缝间，但游泳缓慢。

侧扁型

棍棒型（圆筒型）

平扁型

纺锤型

三 鱼的体色

为了适应水中独特的环境，鱼类通常腹部颜色较浅，背部颜色较深，这样能够更好地伪装和保护自己而不被天敌发现。另外，一些鱼身上长了很多花纹，这些复杂的花纹能够更好地在水底提供伪装，便于它们伏击捕猎。从总体上看，长江流域淡水鱼类的体表颜色不及热带鱼类丰富。

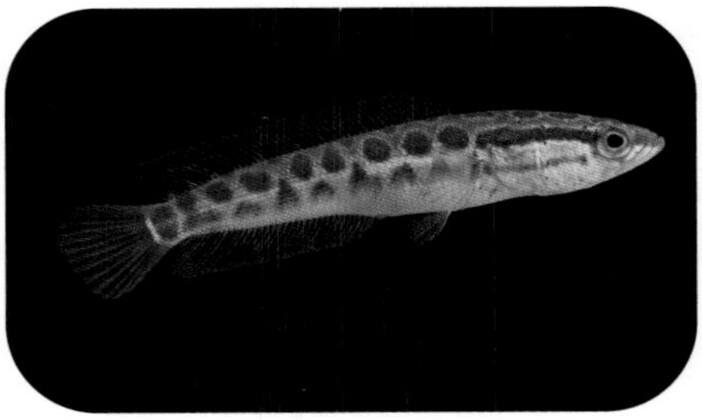

斑点体色（乌鳢幼鱼）

横纹体色（麦穗鱼）

纵纹体色（花斑副沙鳅）

附录二

水利部中国科学院水工程生态研究所
水生态与生物资源研究试验基地介绍

　　水利部中国科学院水工程生态研究所水生态与生物资源研究试验基地（以下简称"科普基地"）是由中国科学技术协会批准的2021—2025年第一批全国科普教育基地。

　　科普基地依托水利部水生态与生物资源研究试验基地、三峡珍稀特有水生动物种质资源库活体库主库驯养系统、河流沿岸带栖息地（流速流态、声光电气、水温水质及生物覆盖）模拟实验设施、三峡工程影响水域重要水生生物遗传资源保存库、水生态监测实验室等建设，是水利系统集水生态科研、成果转化和科普教育于一体的科技支撑平台，是"一带一路"河湖生态保护技术联合培训中心、水利部水工程生态效应与生态修复重点实验室、湖北省水生态保护与修复工程技术研究中心的重要科普展示平台。

三峡珍稀特有
水生动物种质资源
活体库主库驯养系统

科普基地包括两个区域：一是位于武汉经济技术开发区后官湖畔，室外展教展示区域面积共计约 104 亩，室内展教展示区域面积超过 6000 平方米；二是位于武汉市雄楚大道研究所本部，园区占地面积约 40 亩，其中室内展教展示区域面积超过 2000 平方米。

自科普基地开放以来，积极开展科普宣传，拓展科普活动的广度和深度，服务群众 86 万余人次。

三峡工程影响水域
重要水生生物遗传资源
保存库的展厅

河流沿岸带栖息地
模拟实验设施

科普基地科普内容广泛，已覆盖水生态监测与评估、生态调度、生物通道恢复、珍稀物种保护、河湖生态修复，以及节水护水、落实河湖长制等方面。科普活动形式多样，包含组织河湖生态保护志愿服务系列活动、开展科技活动周和全国科普日等公众科普活动、承办水生态监测相关培训班、参加全国科学实验展演会演等。

**科普教育
活动集锦**

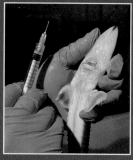

研究人员为
中华鲟植入芯片

研究人员正在将
PIT（无线射频识别）芯片
植入中华鲟背部

**中华鲟放流长江
植入"电子身份证"**

研究人员详细记录植入芯片的
中华鲟的体重和身长

植入芯片的中华鲟

**清华大学
水利水电工程学生
来科普基地开展
"行水问路"社会实践**

"科创筑梦"全国青少年
科学节系列活动

携手
"社区—学校—研究所"
联动科普教育

图片版权说明

本书摄影照片、插画等版权归图片作者或相关机构所有，作者明细如下：

摄影图片：

南京江豚水生生物保护协会（24张）：31页左上、50页左上、52页上、53页、79页、87页右下、98页右下、100页左下、101页上、120页上、128页上、147页下、148页；

喻燚（8张）：41页左上、59页左上、68页左上、75页左上、87页左下、99页左中、108页左上、133页左上；

胡东宇（3张）：112页左上、117页左上、126页左上；

李鸿（3张）：59页右下、84页左上、98页左中；

"A醉美原生鱼"公众号（3张）：91页左上、127页左中、130页右上；

其余照片除注明外均为"水利部中国科学院水工程生态研究所"相关人员拍摄提供。

本书卡通形象、图标、彩色插画和插图均由"湖北联合美景数字传媒科技有限公司"设计绘制制作。